面向"十二五"计算机辅助设计规划教材

AutoCAD 2012
室内设计与制作
技能基础教程

◎ 朱也莉 闫奇峰 陈艳华 编著

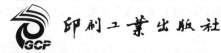

印刷工业出版社

内容提要

　　本书以AutoCAD 2012为基础，通过基础知识结合实例的形式，详细介绍了中文版AutoCAD 2012在室内设计领域中的基础知识点及其应用方法，主要内容包括AutoCAD 2012的工作界面及工作环境的设置、文件的基本操作、绘制简单二维图形、绘制三维实体模型、绘制室内设计平面图、立面图和剖面图、绘制室内三维实体图和室内设计领域的相关知识等。本书以学有所依、学有所用为宗旨，采用任务驱动知识点讲解的方式，范例丰富、情景生动、图文并茂、内容翔实，可以带给读者独特而高效的学习体验。

　　本书可以作为大、中专院校工业设计相关专业AutoCAD室内设计课程的教材，也可作为相关培训班的培训教程使用，亦可供广大爱好者参考使用。

图书在版编目（CIP）数据

AutoCAD 2012室内设计与制作技能基础教程/朱也莉,闫奇峰,陈艳华编著．－北京:印刷工业出版社，2011.11
ISBN 978-7-5142-0296-0

Ⅰ.A… Ⅱ.①朱…②闫…③陈… Ⅲ.室内装饰设计：计算机辅助设计－AutoCAD软件
Ⅳ.TP391.41

中国版本图书馆CIP数据核字(2011)第206356号

AutoCAD 2012室内设计与制作技能基础教程

编　著：朱也莉　闫奇峰　陈艳华

责任编辑：张　鑫
执行编辑：李　毅　　　　　　　　　责任校对：岳智勇
责任印制：张利君　　　　　　　　　责任设计：张　羽
出版发行：印刷工业出版社（北京市翠微路2号 邮编：100036）
网　　址：www.keyin.cn　　　　www.pprint.cn
网　　店：//shop36885379.taobao.com
经　　销：各地新华书店
印　　刷：北京佳艺恒彩印刷有限公司

开　　本：787mm×1092mm　　1/16
字　　数：435千字
印　　张：16.75
印　　数：1～3000
印　　次：2011年11月第1版　　2011年11月第1次印刷
定　　价：39.00元
ＩＳＢＮ：978-7-5142-0296-0

如发现印装质量问题请与我社发行部联系　　发行部电话：010-88275602

前言
Preface

AutoCAD 是目前世界上最流行的计算机辅助设计软件之一。目前 AutoCAD 系列版本已广泛应用于机械、建筑、电子、土木工程、航天技术以及石油化工等工程设计领域，以友好的用户界面、丰富的命令和强大的功能，逐渐赢得了各行业的青睐，成为国内外最受欢迎的计算机辅助设计（Computer Aided Design，CAD）软件。AutoCAD 2012 是最新版本，比以前版本的功能更强大，用户使用起来也更加方便。

为了使读者能够快速掌握 AutoCAD 2012 在室内设计方面的应用方法与技巧，我们编写了此书，力求做到深入浅出、语言简练、案例典型、实用性强。本书从初学者的角度出发讲解基础知识点，每章都安排了室内设计实例，详细剖析典型实例制作步骤，将知识点溶解于实际动手操作过程中，据此读者可以了解使用 AutoCAD 2012 绘制室内图形的工作流程。

本书内容特色如下。

（1）内容从易到难，从局部绘制到整体绘制，遵循学习规律。

（2）文中穿插"知识要点"、"技巧"、"注意"等知识板块，帮助读者迅速理解知识点的运用技巧，以提高实际操作能力。

（3）典型案例贴近企业实际应用。书中所选案例具有完整性、实用性和场合性三大特点，读者在学习的过程中可以非常明确地获知案例对应 AutoCAD 操作的实际应用场合、完整的任务环节，以及具有实际价值的最终成果。

全书由 10 章组成，分为 3 部分。第 1 部分为第 1 章，主要介绍 AutoCAD 的基本功能、AutoCAD 2012 新增功能及其工作界面；第 2 部分为第 2 章至第 9 章，主要介绍如何使用与管理图层以及绘图基础知识，内容包括面域、图案填充、渐变色、控制图形显示、创建和使用文字与表格、使用图块、外部参照、尺寸标注等；第 3 部分为第 10 章，选取一个 KTV 歌厅的室内设计图作为实例，综合运用前面学过的知识点绘制室内平面图和立面图，掌握使用 AutoCAD 2012 进行室内设计的基本工作流程。通过本书的学习，初学者可快速了解并掌握基本图形的创建过程、方法和思路，轻松掌握各种知识点，为进行复杂产品的设计与制图打下坚实的基础。

本书适合于 AutoCAD 的初学者，可以作为大、中专院校工业设计相关专业 AutoCAD 室内设计课程的教材，也可作为相关培训班的培训教程使用，亦可供广大爱好者参考使用，其实用性和针对性对于有制作经验的室内设计师来说也具有很高的参考价值。

本书由朱也莉、闫奇峰和陈艳华编著。其中朱也莉编写了第 1 至 5 章,闫奇峰编写了第 6 至 8 章,陈艳华编写了第 9 至 10 章并审阅了全稿。参编的人员还有张航、牟永明、任刚、陈良涛等,在此一并向他们表示感谢。

本书力求严谨细致,限于时间和编者水平,疏漏和不当之处在所难免,恳请读者提出宝贵意见,以便我们修订时补充。

编　者

2011 年 9 月

目录
CONTENTS

第4章

二维图形对象

第5章

图案填充

第6章

文字与表格

第1章　室内绘图基础知识

本章通过对AutoCAD 2012基本功能及其界面的简单介绍，将AutoCAD 2012崭新的一面一览无余地展示在用户的面前。本章知识包括AutoCAD的基本功能、AutoCAD 2012新增功能介绍、工作界面以及文件管理。通过对本章的学习，能够建立起对AutoCAD 2012的初步认识，为以后深入学习如何使用AutoCAD 2012版绘图打下良好的基础。

→ 学习目标

- 了解 AutoCAD 的发展历程
- 了解 AutoCAD 2012 的基本功能、工作界面、新增功能
- 掌握新建文件、打开文件、保存文件、退出文件的相关操作

1.1　AutoCAD的基本功能

1.1.1　绘制二维图形

AutoCAD 提供了一系列的二维图形绘制命令，可以绘制直线、多线段、样条曲线、矩形、多边形等基本图形，也可以将绘制的图形转换为面域，对其进行填充，如图 1.1 所示。

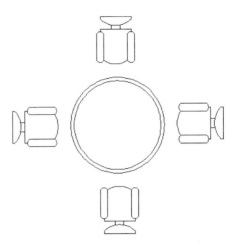

图1.1　AutoCAD所绘制的二维图形

1.1.2　编辑二维图形

AutoCAD 提供了丰富的图形编辑和修改功能，如移动、旋转、缩放、延长、修剪、倒角、倒圆角、复制、阵列、镜像、删除等，用户可以灵活方便地对选定的图形对象进行编辑和修改。

1.1.3　图形尺寸标注

标注尺寸是在图形中添加测量注视的过程，它所显示的是对象的测量值、对象之间的距离、角度或特征，在整个绘图过程中是十分重要的步骤。AutoCAD 提供了线性、半径、角度三种基本的标注类型，可以进行水平、垂直、对齐、旋转、坐标、基线或连续等标注。除此之外，也可以进行引线标注、公差标注及自定义粗糙标注。无论是二维图形还是三维图形，均可进行标注，如图 1.2 所示。

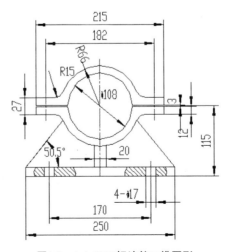

图1.2　AutoCAD标注的二维图形

1.1.4 绘制轴测图

在工程设计中，为了能形象地表达形体，经常会遇到轴测图，它看起来很像三维图形，但其实它只是二维图形，是一种能同时反应物体的长、宽和高三个方向的单面投影图。轴测图实际上是采用二维绘图技术来模拟三维对象沿特定视点产生的三维平面平行投影效果。在绘制方法上与二维图形的绘制是有区别的。在 AutoCAD 的轴测模式下，可以将直线绘制成与坐标轴成 30°、150° 和 90° 等角度，将圆绘制成椭圆形，如图 1.3 所示。

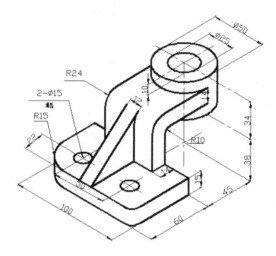

图1.3 机械零件图的轴测图

1.1.5 三维实体创建

三维功能的作用是建立、观察和显示各种三维模型，其中包括线框模型、曲面模型和实体模型。AutoCAD 提供了很多三维绘图命令，不但可以将二维图形通过拉伸、设置标高和厚度转换为三维图形，或将平面图形经回转和平移分别生成回转扫描体和平移扫描体，还可以直接创建长方体、圆柱体、球体等三维实体，还可以绘制三维曲面、三维网格、旋转面等模型，如图 1.4 所示。

图1.4 AutoCAD绘制的三维图形

1.1.6 三维实体渲染

在 AutoCAD 中，还可以为三维造型设置光源和材质，通过渲染处理后，可以得到像照片一样具有三维真实感的图像，如图 1.5 所示。

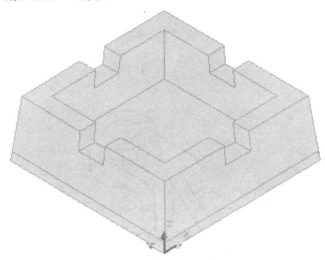

图1.5 渲染处理的烟灰缸

1.1.7 控制图形显示功能

在 AutoCAD 中，可以很方便地以各种方式显示、观看、放大和缩小图形。对于三维图形，利用"缩放"及"鹰眼"功能可改变当前视口中图形的视觉尺寸，以便清晰地观察图形的全部或某一部分的细节；"扫视"功能相当于窗口不动，在窗口后上、下、左、右移动一张图纸，以便观看图形上的不同部分；"三维视图控制"功能可以选择视点和投影方向，显示轴测图、透视图或平面视图，消除三维显示中的隐藏线，实现三维动态显示等。多视图控制能将屏幕分成几个窗口，每个窗口可以单独进行各种显示并能定义独立的用户坐标系，重画或重新生成图形等，如图 1.6 所示。

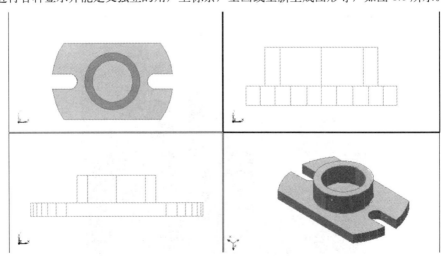

图1.6 在不同视口中显示图形

1.1.8 幻灯演示和批量执行命令功能

在 AutoCAD 中可以把图形的某些显示画面生成幻灯片，对其进行快速显示和演播。并且可以建立脚本文件，就如同在 DOS 系统下的批处理文件一样，可以自动地执行在脚本文件中预定义的一组 AutoCAD 命令及其选项和参数序列，从而为绘图增添许多自动化成分。

1.1.9 用户定制功能

AutoCAD 是一个通用的绘图软件，并不是专门针对某个行业、专业和领域开发的。但是它提供了多种用户化定制途径和工具，允许用户将其改造为一个适用于某一行业、专业或领域的，可以满足用户个人习惯和喜好的专用的设计和绘图软件系统。它可以定制的内容包括：为 AutoCAD 的内部命令定义用户便于记忆和使用的命令别名，建立满足用户特殊需要的线型和填充图案，重组或修改系统菜单和工具栏，通过图形文件建立用户符号库和特殊字体等。

1.1.10 数据交换与链接功能

在 AutoCAD 中，提供了很多种图形、图像数据交换格式和相应的命令，可以将图形对象与外部数据库中的数据进行关联，可以通过 DXF、IGES 等规范的图形数据转换接口，与其他 CAD 系统或应用程序进行数据交换。还可以利用 Windows 系统的剪贴板和对象链接嵌入技术，与其他 Windows 应用程序交换数据。通过链接对象到外部数据库中实现图形智能化，帮助使用者在设计中管理和实时提供更新的信息。除此之外，AutoCAD 还可以直接对光栅图像进行插入和编辑操作。

1.1.11 Internet 功能

利用 AutoCAD 强大的 Internet 工具，可以在网上发布图形、访问和存取，为设计者之间相互共享资源和信息，同步进行设计、讨论、演示、获得外界消息等提供了极大的帮助。

此外，AutoCAD 还提供了一种既安全又适于在网上发布的文件格式——DWF 格式。用户可以使用 AutodeskDWFViewer 来查看或打印 DWF 文件的图形集，也可以查看 DWF 文件中包含的图层信息、图纸和图纸集特性、块信息和属性，以及自定义特性等信息。用户也可以在浏览器上浏览这种格式的图形。

1.1.12 图形的打印输出功能

AutoCAD 不仅允许将所绘图形的部分或全部以任意比例和不同样式通过绘图仪或打印机输出，还可以将不同类型的文件导入 AutoCAD，将图形中的信息转化为 AutoCAD 图形对象，或者转化为一个单一的块对象。AutoCAD 可以将图形输出为图元文件、位图文件、平版印刷文件、AutoCAD 块、3DStudio 文件等。

1.2 AutoCAD 2012的新特性

AutoCAD 2012 是 AutoCAD 的最新版本，除继承以前版本的优点以外，还增加了一些新的功能。

1. 曲面建模

（1）创建程序曲面和 NURBS 曲面。AutoCAD 2012 引入了增强的曲面建模功能，并新增了创建 NURBS 曲面的功能。这种曲面类型具有控制点 (CV)，这些控制点允许用户以造型物理模型的方式来"造型"对象。NURBS 曲面以贝塞尔曲线（平滑曲线）为基础，这使得它们成为创建如汽车、船只和吉它等曲线式对象的理想工具。

（2）编辑程序曲面和 NURBS 曲面。NURBS 曲面比传统的程序曲面提供更强大的建模功能，因为前者有控制点 (CV)。而另一方面，程序曲面拥有关联建模优势。例如，沿 U 方向添加了一行 CV，更改曲面形状，也可通过单击并拖动一个或多个 CV 来重塑对象的形状，如图 1.7 所示。

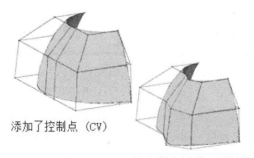

添加了控制点（CV）

添加控制点时，曲面会自动重塑形状

图1.7 添加控制点重塑形状

（3）将几何体投影到曲面上。与将电影投影到银幕上相似，可以将曲线投影到程序曲面和 NURBS 曲面上。此操作可以在曲面上创建修剪边。可以从不同方向投影曲线：UCS、两点和视图。投影到"UCS"如图 1.8 所示。

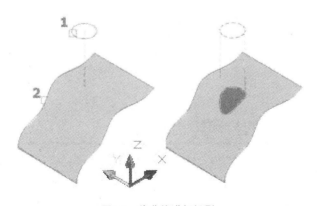

图1.8 将曲线进行投影

（4）使用关联曲面和约束。与图案填充和标注一样，曲面也可以是关联的。移动或修改一个曲面时，所有关联的曲面会自动随之调整。当拉伸其中一个侧面或重塑其形状时，所有关联的曲面将相应调整。

2．网格建模

（1）修改面。几种增强功能提供了修改网格面的其他工具。例如，可以选择相邻网格面并将其合并来创建单个面，如图 1.9 所示。

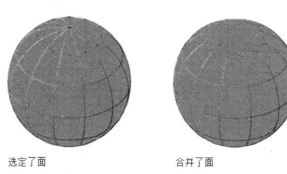

选定了面　　　　　　　　　　合并了面

图1.9　将相邻的网格面进行合并

（2）删除面和修复间隙。删除网格面的方法是选择该面并按【Delete】键，或者输入 ERASE 命令再选择该面。这两种方法都会在网格中生成一个间隙，如图 1.10 所示。

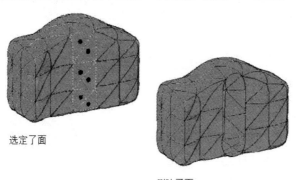

选定了面

删除了面

图1.10　删除面

3．实体建模

为三维实体生成倒角和圆角。"倒角"的快捷键是 CHAMFEREDGE，倒角后的效果如图 1.11 所示。圆角的快捷键是"FILLETEDGE"，倒圆角后的效果如图 1.12 所示。

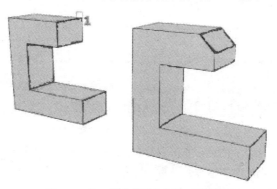

图1.11　将三维实体进行倒角后的效果

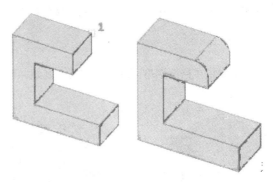

图1.12　将三维实体进行倒圆角后的效果

4．改进的三维工具

（1）剔除和选择循环。在一个复杂三维图形中选择对象可能比较困难。以下三个新系统变量简化了这一过程：增强的选择循环（SELECTION CYCLING）；用于控制将鼠标指针悬停在一个对象上或选择该对象时亮显哪些子对象（CULLINGOBJ）；用于控制将鼠标指针悬停在多个对象上或选择这些对象时亮显哪些子对象（CULLINGOBJ SELECTION）。

（2）增强的旋转、拉伸、放样和扫掠。通过旋转、拉伸、放样和扫掠操作，可以基于以下对象创建实体和曲面：非平面对象、实体边或曲面边。在图1.13中，REVOLVE命令用于基于一条非平面样条曲线创建曲面。

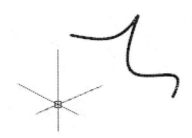

图1.13　将一条非平面样条曲线创建曲面

5．参数化图形

（1）推断几何约束：可通过在绘制或编辑几何图形期间推断约束来了解设计意图。推断约束与对象捕捉和极轴追踪配合工作。只有当对象符合约束条件时，才能推断约束。可在应用程序状态栏中启用或禁用推断约束按钮，如图1.14所示。

图1.14　状态栏中的"推断约束"按钮

（2）定义参数组和过滤器：约束几何图形时，可以在参数管理器中定义参数组和过滤器。参数组通常包含为当前空间定义的所有参数的子集。展开左侧的垂直条可显示参数组。可以将参数拖到定义的组过滤器中，如图1.15所示。

图1.15 "参数管理器"栏

6．图案填充和透明度

（1）图案填充增强功能：

● 将光标移至闭合区域上时预览图案填充或填充。

● 为填充图案指定背景色。

● 指定只应用于图案填充和填充的透明度设置。

● 使用夹点和夹点菜单调整关联或非关联图案填充（包括无边界图案填充）的形状。

（2）设定透明度

可使用功能区或特性选项板为所有对象指定透明度。使用"透明度"滑块左侧的下拉按钮可将选定的对象或新对象的透明度设定为"ByLayer"、"ByBlock"或"值"。对象透明度在图形中会显示出来，而且还可以打印出来。但是，出于性能原因的考虑，打印透明在默认情况下被禁用。

7．应用材质

使用材质浏览器可以管理材质库，浏览和搜索材质，以及将材质应用于对象。而且可在AutoCAD 及其他 Autodesk 设计应用程序中使用和共享一致材质，如图 1.16 所示。

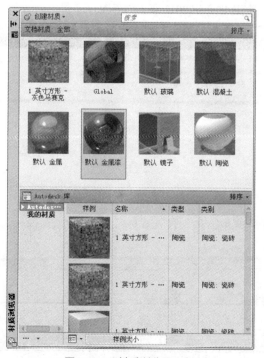

图1.16 "材质浏览器"栏

8．绘图和编辑

（1）使用增强的夹点修改对象：可使用多功能夹点修改多段线、样条曲线和非关联多段线图案填充对象。这些夹点提供了一种可替代 PEDIT 和 SPLINEDIT 命令的更轻松的编辑方法。若要循环选择各编辑选项，可选择夹点并按 Ctrl 键。

- 修改对象的位置、大小和方向。使用夹点模式可以移动、旋转、缩放或镜像对象。
- 重塑对象的形状。使用多功能夹点编辑选项，可以编辑顶点、拟合点、控制点、线段类型和相切方向。

（2）还为该产品提供了更新。有关每项增强功能的详细信息在此不赘述。

9．生产率

"学习工作空间及其他工具"增强功能有以下几点。

（1）基于 Web 的帮助。按【F1】键可获得详细信息及指向相关资源的链接。

（2）"欢迎屏幕"视频。以动画形式概述了基本任务和工作流。

（3）ACAD-23111 工具提示剪辑。将光标悬停在新"曲面"功能区选项卡上的任一按钮上时，可以观看演示活动命令的简要动画。

1.3　AutoCAD 2012的工作界面

AutoCAD 2012 版的工作界面变化很大，给人耳目一新的感觉，如图 1.17 所示，主要由菜单栏、面板、绘图区、工具栏、文本窗口与命令窗口、状态栏等元素组成。这是 2012 版的默认界面，它把所有工具都放在了顶部，在水平方向拓宽了绘图区域，可以显示更宽范围的图形。如果用户不习惯，也可以设置为经典界面。下面详细介绍 2012 版工作界面。

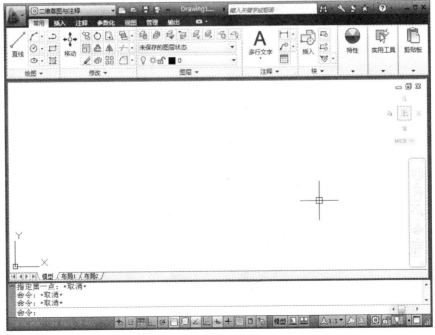

图1.17　AutoCAD 2012版的工作界面

1.3.1 菜单栏

菜单栏列出了各种应用命令，如图 1.18 所示。

图1.18 菜单栏

单击某个菜单栏，会显示其下的面板工具栏，面板里是一组图标型工具的集合，系统默认显示的是"常用"菜单下的各种面板工具，如图 1.19 所示。

图1.19 "常用"菜单栏下的面板

有的面板右下角有箭头，表示是级联菜单，单击该箭头，下级菜单会列出更多的操作命令，如图 1.20 所示。

图1.20 面板右下角有箭头表示级联菜单

要点提示

在使用下拉菜单时应注意以下几点：

● 后面带有 ▶ 符号的命令表示还有子菜单；

● 后面带有热键字母的表示可以通过在键盘上按该热键字母来启动此命令；

● 后面带有组合键的表示可以通过直接按组合键来启动该命令；

● 后面带有 … 的表示当选择该命令后会出现一个对话框；

● 如果命令显示为灰色，则表示该命令在当前状态下是不可用的。

1.3.2 绘图区

绘图区是用户进行绘图的工作区域，如图 1.21 所示。一般的操作工作都在这个区域完成，它占据了屏幕的绝大部分空间，用户绘制的所有内容都将显示在这个区域中。用户可以根据自己的实际需要关闭一些工具栏以增大绘图空间。

在绘图窗口中不仅显示当前的绘图结果，而且还显示了当前使用的坐标系的图标，表示了该坐标系的类型与原点、X 轴、Y 轴和 Z 轴的方向。在绘图窗口的下方有一系列选项卡，用户可以单击它们在模型空间和图纸空间之间切换来查看图形的布局视图。

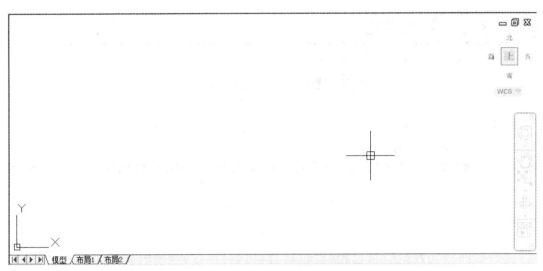

图1.21　绘图的工作区域

1.3.3　工具栏

AutoCAD 2012 版系统提供了 40 余种已命名的工具栏，在默认情况下，工具栏处于隐藏状态，这也是与以前的版本不同的地方。

在菜单栏中，选择"工具">"工具栏">"AutoCAD"命令，选择要显示的工具栏，如图 1.22 所示。

如果绘图窗口已经有一些工具栏，用户想要显示某个隐藏的工具栏，可以直接在某个工具栏上右击，弹出一个快捷菜单，如图 1.23 所示。可以在此选择想要显示的工具栏，还可以通过"自定义用户界面"对话框来进行管理，如图 1.24 所示。

图1.22　AutoCAD工具栏列表

图1.23　隐藏工具栏的快捷菜单

图1.24　"自定义用户界面"对话框

要点提示

快捷菜单又称为上下文相关菜单，该菜单中显示的命令与用户右击的对象及当前状态相关。

1.3.4　命令窗口

默认情况下，命令窗口位于绘图区的底部，用于输入系统命令或显示命令提示信息。用户在菜单栏和工具栏中选择某个命令时，也会在命令行显示提示信息，如图1.25所示。

图1.25　命令窗口

如果觉得命令行显示的信息太少，可以根据需要通过拖动命令行与绘图区之间的分隔边框来改变命令行的大小。还可以将命令行拖动至其他位置，将其变为浮动状态。可以选择"视图">"显示">"文本窗口"命令来调出命令行窗口的各种信息，也包括出错信息，如图1.26所示。

图1.26 文本窗口

技巧

在 AutoCAD 2012 中，可以按【F2】键来打开 AutoCAD 文本窗口。

1.4 文件管理

图形文件的操作是进行高效绘图的基础，它包括新图形文件的创建、打开已有的图形文件、保存图形文件和关闭图形文件。

1.4.1 新建文件

执行方式如下。

- 命令行：在命令行输入 new。
- 标题栏：单击"新建"按钮 。
- 菜单栏：选择"文件">"新建"命令，如图 1.27 所示。

图 1.27 "文件"菜单

调用"新建"命令后，系统弹出"选择样板"对话框，如图 1.28 所示。一般情况下，.dwt 文件是标注的样板文件，通常将一些规定的标准性的样板文件设置为 .dwt 文件，用户根据需要选择一种样板，单击"打开"按钮即可创建一个新文件。

图1.28 "选择样板"对话框

1.4.2 打开文件

执行方式如下。

● 命令行：在命令行输入 open。

● 标题栏：单击"打开"按钮 ☞。

● 菜单栏：选择"文件">"打开"命令。

调用"打开"文件命令后，弹出"选择文件"对话框，如图 1.29 所示。可以在"文件类型"下拉列表框中选择文件格式，文件类型有 .dwt 格式、.dwg 格式、.dxf 格式和 .dws 格式。用户选择了要打开的文件后，在"文件名"下拉列表框里会显示用户选择的文件的名称，然后单击"打开"按钮即可打开该文件。默认情况下，打开的图形文件格式为 .dwg 格式。

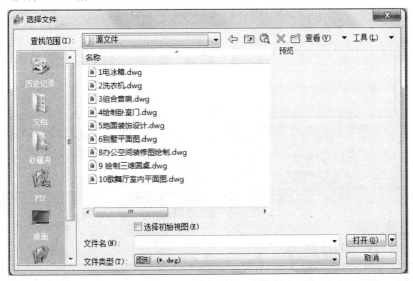

图1.29 "选择文件"对话框

"选择文件"对话框的右边有图形文件的"预览"框，可在此处看到所选择图形文件的预览图，这样就可以很方便地找到所需的图形文件。在 AutoCAD 2012 中，用户还可以同时打开多个图形文件，在多个图形文件切换中工作，可以很大提高工作效率。

1.4.3 保存文件

绘图过程中或绘图结束时都要保存或另存图形文件，以免出现意外情况时而丢失当前所做的重要的工作。

执行方式如下。

● 命令行：在命令行输入 qsave。

● 标题栏：单击"保存"按钮 📷。

● 菜单栏：选择"文件">"保存"命令。

调用"保存"文件命令后，如果是新建的文件，系统会弹出"图形另存为"对话框，提示用户命名文件及选择文件类型。如果是打开了一个已有的文件并进行修改后保存的操作，就不会弹出对话框，而是自动保存了。

如果用户在绘图过程中需要将图形文件重命名保存，则需要用到 AutoCAD 的另存功能。调用另存为命令有两种方法：

● 命令行：在命令行输入 save as。

● 菜单栏：选择"文件">"另存为"命令。

调用"另存为"命令后，弹出"图形另存为"对话框，如图 1.30 所示，在文件名后的下拉列表框里输入另存名，单击"保存"按钮即完成图形文件的重命名操作。

图1.30 "图形另存为"对话框

1.4.4 退出文件

绘制完图形并保存后，用户可以将其关闭。

执行方式如下。

● 命令行：在命令行输入 close。

● 菜单栏：选择"文件">"关闭"命令。

调用"关闭"命令后，如果当前图形文件没有保存，系统将弹出如图 1.31 所示的对话框。在该对话框中，需要保存修改则单击"是"按钮，否则单击"否"按钮，取消关闭操作单击"取消"按钮即可。

图1.31 系统警告对话框

1.5 综合案例——绘制电冰箱

学习目的 🔍

通过绘制"电冰箱"，熟悉"矩形"、"圆"等基本命令。

重点难点 🔍

⚙ 绘制矩形、圆的方法

⚙ 镜像命令的使用

⚙ 复制命令的使用

本实例绘制的"电冰箱"其最终效果如图 1.32 所示。

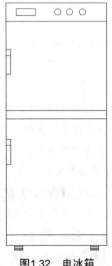

图1.32 电冰箱

操作步骤

1. 绘制"电冰箱"的上下门

Step 01 单击"矩形"按钮，绘制 1377mm×3238mm 的矩形作为"电冰箱"的轮廓，如图 1.33 所示。

命令: rectang //单击"矩形"按钮

指定第一个角点或 [倒角(C)/标高(E)/圆角(F)/厚度(T)/宽度(W)]:　//单击指定第一点

指定另一个角点或 [面积(A)/尺寸(D)/旋转(R)]: d　　　　//输入d

指定矩形的长度 <3238.0000>: 1377　//输入矩形长度为1377

指定矩形的宽度 <1377.0000>: 3238　//输入矩形宽度为3238

指定另一个角点或 [面积(A)/尺寸(D)/旋转(R)]:　//按【Enter】键结束

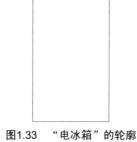

图1.33　"电冰箱"的轮廓

Step 02 单击"直线"按钮绘制"电冰箱"的上下门，如图 1.34 所示。

命令: line 指定第一点: 245 //捕捉矩形左上角向下追踪，输入距离为245，按【Enter】键

指定下一点或 [放弃(U)]:　//单击指定第一点

指定下一点或 [放弃(U)]:　//单击指定另一点

指定下一点或 [闭合(C)/放弃(U)]:　//按【Enter】键结束

命令: line 指定第一点: 145 //捕捉矩形左下角向上追踪，输入距离为145，按【Enter】键

指定下一点或 [放弃(U)]:　//单击指定第一点

指定下一点或 [放弃(U)]:　//单击指定另一点

指定下一点或 [闭合(C)/放弃(U)]:　//按【Enter】键结束

命令: line 指定第一点: 1690 //捕捉矩形左下角向上追踪，输入距离为1690，按【Enter】键

指定下一点或 [放弃(U)]:　//单击指定第一点

指定下一点或 [放弃(U)]:　//单击指定另一点

指定下一点或 [闭合(C)/放弃(U)]:　//按【Enter】键结束

命令: line 指定第一点: 1800 //捕捉矩形左下角向上追踪，输入距离为1800，按【Enter】键

指定下一点或 [放弃(U)]:　//单击指定第一点

指定下一点或 [放弃(U)]:　//单击指定另一点

指定下一点或 [闭合(C)/放弃(U)]:　//按【Enter】键结束

图1.34 "电冰箱"的上下门

2．绘制"电冰箱"的上下把手

Step**01** 利用"矩形"和"直线"命令绘制"电冰箱"的上把手，如图 1.35 所示。

指定第一个角点或 [倒角(C)/标高(E)/圆角(F)/厚度(T)/宽度(W)]：from 基点： <偏移>：
@0,-623 //单击绘图工具栏"矩形"按钮，右击绘图区域，选择"捕捉替代"命令，再选择
"自"命令，捕捉大矩形左上角为基点，输入偏移量为@0,-623。

指定另一个角点或 [面积(A)/尺寸(D)/旋转(R)]：指定另一个角点或 [面积(A)/尺寸(D)/旋转
(R)]： d //输入d，按【Enter】键

指定矩形的长度 <10.0000>： 64 //输入矩形长度64，按【Enter】键

指定矩形的宽度 <10.0000>： 328 //输入矩形宽度328，按【Enter】键

指定另一个角点或 [面积(A)/尺寸(D)/旋转(R)]： //单击确定放置位置

命令：line 指定第一点： 82 //捕捉刚绘制矩形左上角向下追踪，输入距离为82，按【Enter】键

指定下一点或 [放弃(U)]： //单击指定第一点

指定下一点或 [放弃(U)]： //单击指定另一点

指定下一点或 [闭合(C)/放弃(U)]： //按【Enter】键结束

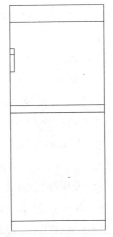

图1.35 "电冰箱"的上把手

Step**02** 利用"矩形"和"直线"命令绘制"电冰箱"的下把手，如图 1.36 所示。

指定第一个角点或 [倒角(C)/标高(E)/圆角(F)/厚度(T)/宽度(W)]: from 基点: <偏移>: @0,1088 //单击绘图工具栏"矩形"按钮，右击绘图区域，选择"捕捉替代"命令，再选择"自"命令，捕捉大矩形左下角为基点，输入偏移量为@0,1088。

指定另一个角点或 [面积(A)/尺寸(D)/旋转(R)]:指定另一个角点或 [面积(A)/尺寸(D)/旋转(R)]: d //输入d，按【Enter】键

指定矩形的长度 <10.0000>: 64 //输入矩形长度64，按【Enter】键

指定矩形的宽度 <10.0000>: 328 //输入矩形宽度328，按【Enter】键

指定另一个角点或 [面积(A)/尺寸(D)/旋转(R)]: //单击确定放置位置

命令: line 指定第一点: 82 //捕捉刚绘制矩形左上角向下追踪，输入距离为82，按【Enter】键

指定下一点或 [放弃(U)]: //单击指定第一点

指定下一点或 [放弃(U)]: //单击指定另一点

指定下一点或 [闭合(C)/放弃(U)]: //按【Enter】键结束

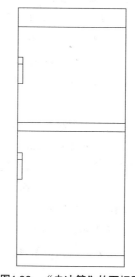

图1.36 "电冰箱"的下把手

3. 绘制"电冰箱"的上部

Step 01 利用"矩形"绘制"电冰箱"上部，如图 1.37 所示。

指定第一个角点或 [倒角(C)/标高(E)/圆角(F)/厚度(T)/宽度(W)]: from 基点: <偏移>: @140,-76 //单击绘图工具栏"矩形"按钮，右击绘图区域，选择"捕捉替代"命令，再选择"自"命令，捕捉大矩形左上角为基点，输入偏移量为@140,-76

指定另一个角点或 [面积(A)/尺寸(D)/旋转(R)]:指定另一个角点或 [面积(A)/尺寸(D)/旋转(R)]: d //输入d，按【Enter】键

指定矩形的长度 <10.0000>: 265 //输入矩形长度265，按【Enter】键

指定矩形的宽度 <10.0000>: 95 //输入矩形宽度95，按【Enter】键

指定另一个角点或 [面积(A)/尺寸(D)/旋转(R)]: //单击确定放置位置

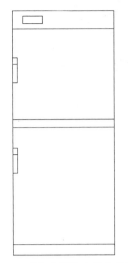

图1.37 "电冰箱"上部中的矩形

Step 02 利用"圆"命令绘制"电冰箱"上部,如图 1.38 所示。

命令: circle指定圆的圆心或 [三点(3P)/两点(2P)/切点、切点、半径(T)]: from 基点:
<偏移>: @710,-125   //单击绘图工具栏 "圆" 按钮, 右击绘图区域, 选择 "捕捉替代" 命令, 再
选择 "自" 命令, 捕捉大矩形左上角为基点, 输入偏移量为@710,-125

指定圆的半径或 [直径(D)] <30.3517>: 41.5 d //输入圆的半径41.5, 按【Enter】键

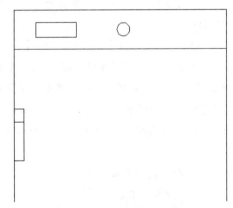

图1.38 绘制 "电冰箱" 上部的圆形

Step 03 利用"复制"命令绘制"电冰箱"上部,如图 1.39 所示。

命令: copy   //单击 "复制" 按钮

选择对象: 找到 1 个 //选择对象为圆, 按【Enter】键

选择对象:

当前设置: 复制模式 = 多个

指定基点或 [位移(D)/模式(O)] <位移>:   //单击圆的圆心为基点绘制 "电冰箱" 上部的圆形

指定第二个点或 [阵列(A)] <使用第一个点作为位移>: @162,0 //输入偏移量为@162,0

指定第二个点或 [阵列(A)/退出(E)/放弃(U)] <退出>: @162,0 //输入偏移量为@162,0

指定第二个点或 [阵列(A)/退出(E)/放弃(U)] <退出>:   //按【Enter】键结束

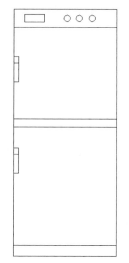

图1.39 复制"电冰箱"上部的圆形

4．绘制"电冰箱"的下部

Step01 利用"矩形"命令绘制"电冰箱"的下部，如图1.40所示。

指定第一个角点或 ［倒角(C)/标高(E)/圆角(F)/厚度(T)/宽度(W)］: from 基点: ＜偏移＞:
@115,0 //单击绘图工具栏"距形"按钮，右击绘图区域，选择"捕捉替代"命令，再选择"自"命令，捕捉大矩形左下角为基点，输入偏移量为@115,0

指定另一个角点或 ［面积(A)/尺寸(D)/旋转(R)］:指定另一个角点或 ［面积(A)/尺寸(D)/旋转(R)］: d //输入d，按【Enter】键

指定矩形的长度 ＜10.0000＞: 112 //输入矩形长度112，按【Enter】键

指定矩形的宽度 ＜10.0000＞: 60 //输入矩形宽度60，按【Enter】键

指定另一个角点或 ［面积(A)/尺寸(D)/旋转(R)］: //单击确定放置位置

Step02 利用"直线"命令绘制"电冰箱"的下部，如图1.41所示。

命令: line 指定第一点: 15 //捕捉刚绘制矩形左上角向下追踪，输入距离为15，按【Enter】键

指定下一点或 ［放弃(U)］: //单击指定第一点

指定下一点或 ［放弃(U)］: //单击指定另一点

指定下一点或 ［闭合(C)/放弃(U)］: //按【Enter】键结束

图1.40 绘制"电冰箱"的下部矩形　　　　　图1.41 绘制"电冰箱"的下部的直线

Step03 利用"复制"命令绘制"电冰箱"的下部，如图1.42所示。

命令: copy //单击"复制"按钮

选择对象：找到 1 个 //选择对象为刚画的直线，按【Enter】键

选择对象：

当前设置： 复制模式 = 多个

指定基点或 [位移(D)/模式(O)] <位移>： //单击刚画的直线一端为基点

指定第二个点或 [阵列(A)] <使用第一个点作为位移>： @0，-15 //输入偏移量为@0，-15

指定第二个点或 [阵列(A)/退出(E)/放弃(U)] <退出>： @0，-15 //输入偏移量为@0，-15

指定第二个点或 [阵列(A)/退出(E)/放弃(U)] <退出>： //按【Enter】键结束

图1.42 复制"电冰箱"的下部的直线

Step 04 利用"镜像"命令绘制"电冰箱"的下部，如图1.43所示。

命令：mirror //单击"镜像"按钮

选择对象：找到 1 个 //选择对象为刚画的矩形和三条直线，按【Enter】键

选择对象：找到 1 个，总计 2 个

选择对象：找到 1 个 (1 个重复)，总计 2 个

选择对象：找到 1 个，总计 3 个

选择对象：找到 1 个，总计 4 个

选择对象：

指定镜像线的第一点：指定镜像线的第二点：//单击指定镜像线的第一点，单击指定镜像线第二点，按【Enter】键

要删除源对象吗? [是(Y)/否(N)] <N>：n //输入n，按【Enter】键

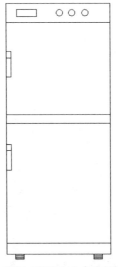

图1.43 使用"镜像"命令进行镜像操作

1.6 习题

一、填空题

1. AutoCAD 执行打开命令后，系统会弹出 _____ 对话框，用户可以在 _____ 下拉列表框选择文件格式。

2. _____ 是绘图的核心，变量可以提供好的绘图环境和命令的输入方法。

3. 对自定义工具栏可以使用 _____ 菜单命令，然后打开 _____ 对话框中的 _____ 选项卡进行设置。

二、选择题

1. 在 AutoCAD 2012 中，它的窗口包括（   ）。

A. 绘图窗口　　　　B. 命令行与文本窗口　　　C. 布局标签　　　D. 状态栏

2. AutoCAD 的图形文件管理过程中，新建文件有几种方法（   ）。

A. 1　　　　　　　B. 2　　　　　　　　C. 3　　　　　　　D. 4

3. AutoCAD 提供的适于在网上发布的文件格式是（   ）。

A. DVI　　　　　　B. DWF　　　　　　C. DWA　　　　　D. DWM

4. 关闭 AutoCAD 的快捷键是（   ）。

A. Ctrl+Alt　　　　B. Shift+ Ctrl+Alt　　　C. Alt+F4　　　D. Quit

三、上机操作题

1. 在初始状态下，AutoCAD 的绘图区域的底色为黑色，将其设置为白色。

2. 练习使用【F2】键完成在文本窗口和绘图窗口之间的切换。

3. 练习图形界限和图形单位的设置。

4. 练习"新建"、"打开"、"保存"及"退出"等文件操作。

第2章　设置室内设计绘图环境

本章知识包括：配置绘图环境、图层的创建、设置以及图层的转换、图形的输出及打印。通过对本章的学习，能够了解 AutoCAD 2012 的绘图环境。

→ **学习目标**

- 了解 AutoCAD 2012 绘图环境的设置
- 掌握图层的创建、设置以及图层的转换
- 掌握图形的输出及打印

2.1　绘图环境的配置

一般来讲，使用的默认配置就可以绘图，但因为每台计算机所使用的显示器、输入设备和输出设备的类型不同，每个用户喜欢的风格也不尽相同，为了使用户准确地使用软件，在用户开始绘图之前，可对软件进行环境设置，其中包括绘图环境的设置和辅助功能设置，以提高绘图的效率。

2.1.1　设置参数选项

在绘图前进行参数设置是一项很重要的工作，设置一个合理且适合自己需要的参数，才能提高自己的绘图速度和质量。

执行方式如下。

- 命令行：在命令行输入 options。
- 菜单栏：选择"工具">"选项"命令。
- 菜单浏览器：单击"选项"按钮 选项 。

调用"选项"命令后，系统弹出"选项"对话框，如图 2.1 所示。

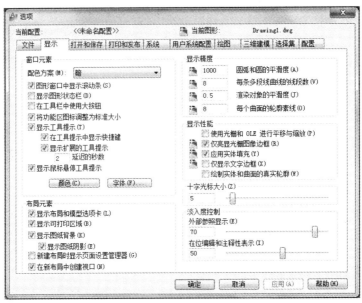

图2.1 "选项"对话框

2.1.2 规化图形单位和比例

图形的单位和格式是工程图的读图标准,对于任何图形而言,总有其大小、精度以及所采用的单位,但在各个领域里对坐标、距离和角度的要求都不同,而且各个国家的使用习惯也不同,因此,在模型空间中进行绘图之前,要根据实际项目的不同要求设置正确的单位和格式。

执行方式如下。

● 命令行:在命令行输入 units。

● 菜单栏:选择"格式">"单位"命令。

调用"单位"命令后,系统打开"图形单位"对话框,如图 2.2 所示。

图2.2 "图形单位"对话框

各选项具体说明如下。

● "长度"选项组：用于指定测量的当前单位及当前单位的精度。其中，"类型"用于设置测量单位的当前格式，该值包括"建筑"、"小数"、"工程"、"分数"和"科学"。"精度"用于设置线性测量值显示的小数位数或分数大小。

● "角度"选项组：用于指定当前角度格式和当前角度显示的精度。其中，"类型"用于设置当前角度格式。"精度"用于设置当前角度显示的精度。"顺时针"是指以顺时针方向计算正的角度值。默认的正角度方向是逆时针方向。

● "输入比例"选项组：用于控制插入到当前图形中的块和图形的测量单位。如果块或图形创建时使用的单位与该选项指定的单位不同，则在插入这些块或图形时，将对其按比例缩放。如果插入块时不按指定单位缩放，可选择"无单位"。

● "输出样例"选项：用于显示用当前单位和角度设置的例子。

● "光源"选项：用于控制当前图形中光度控制光源强度的测量单位。

● "方向"按钮：单击该按钮，弹出"方向控制"对话框，如图2.3所示。

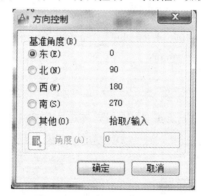

图2.3　"方向控制"对话框

要点提示

图形单位格式仅控制图形单位在屏幕上的显示样式，例如在坐标中和"特性"选项板、对话框以及提示中的值的显示。

2.1.3　设置图形界限

图形界限是图形的一个不可见的边框。用户可以根据所绘图形的大小，使用图形界限来确保按指定比例在指定大小的纸上打印图形，所创建的图形不会超出图纸空间的大小。默认情况下，图形文件的大小为420 mm×297 mm。这个尺寸适合于绘制小的图形对象，如果需要绘制大的图形，就需要设置绘图区域。

执行方式如下。

● 命令行：在命令行输入 limits。

● 菜单栏：选择"格式">"图形界限"命令。

例2.1　设置A4图纸的图形界限，如图2.4所示。

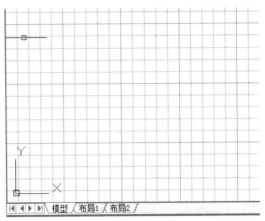

图2.4　A4图纸的图形界限

操作步骤：

命令：limits　　　　//在命令行输入Limits

重新设置模型空间界限：

指定左下角点或 [开(ON)/关(OFF)] <0.0000,0.0000>：　//按【Enter】键采用默认值

指定右上角点 <410.0000,197.0000>：594,410　　　　//输入右上角点坐标为594,410

要点提示

> 若打开"栅格"后仍无法正常显示时，可通过设置栅格间距使之正常显示。

2.1.4　模型和布局

状态栏上的"模型"和布局按钮提供了两种工作环境，使用模型空间可以绘制对象的全尺寸模型，使用布局空间可以创建用于打印的多视图布局。

（1）模型空间用于访问所有绘图区域。

在模型空间中，首先决定一个单位代表 1mm、1m、1inch 还是其他某个图形单位；然后设置图形单位格式，以 1:1 比例绘图，如图 2.5 所示。

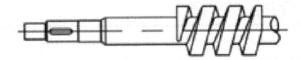

图2.5　模型空间

（2）布局空间用于访问图形布局。

设置布局时，指定要使用的图纸尺寸，布局代表一张可以按各种比例显示一个或多个模型视图的打印图纸，这种布局环境称为图纸空间。在此创建布局视口，作为模型空间中的窗口，每个布局视口可以包含模型的不同视图，如图 2.6 所示。

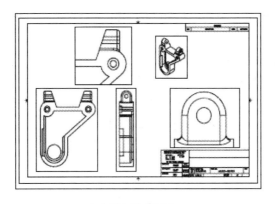

\ 模型 \ 布局1 \ 布局2 /

图2.6　布局空间

要点提示

　　模型空间与图纸空间具有一种平行关系，如果把模型空间和图纸空间比喻成两张纸的话，它们相当于两张平行放置的纸，模型空间在底部，图纸空间在上部，从图纸空间可以看到模型空间（通过视口），但模型空间看不到图纸空间，因而它们又具有一种单向关系。

技巧

　　用户可通过在选项卡上单击鼠标右键，然后从快捷菜单中选择"隐藏模型和布局选项卡"命令来隐藏这些选项卡并恢复使用按钮。

2.2　图层的操作

　　任何图形都是绘制在图层上的，通过将对象分类放到各自的图层中，可以快速有效地控制对象的显示，并对其进行修改，更大地提高工作效率。

2.2.1　建立新图层

　　图层主要是用户用来组织和管理图形对象。它就像是由许多层透明的图纸重叠在一起组成的，用户可以通过图层来组织图形的线型、线宽以及颜色等特性。这样不但可以提高绘图效率，也能更好地保证图形的质量。

　　手绘必须要有宣纸和笔。在 AutoCAD 中的图层就如同透明的宣纸，在开始绘图前，创建图层是必要工作。通过管理图层可以直接管理每个图形中的基准线、轮廓线、剖面线、虚线、中心线、尺寸标注及文字注释等元素，这样既可以使图形的各种信息非常清晰有序，便于观察，也能给图形的编辑、修改和输出带来极大的方便。

AutoCAD 系统会自动创建了一个名为 "0" 的图层，用户在绘图过程中，可以根据需要随时建立新的图层。

创建新的图层的执行方式如下。

● 命令行：在命令行里输入 layer。

● 菜单栏：选择 "格式" > "图层" 命令。

执行上述命令后，都会弹出 "图层特性管理器" 窗口，如图 2.7 所示。可在该窗口中创建新的图层或进行相关设置。

图2.7 "图层特性管理器" 窗口

2.2.2 设置图层

图层可以是系统默认的，也可以由用户自己创建。每个图层的属性都有相关设置，包括图层名称、关闭/打开图层、冻结/解冻图层、锁定/解锁图层、图层线条颜色、图层线条线型、图层线条宽度、图层打印样式和图层是否打印等选项。

1. 设置图层颜色

颜色在绘图中是个很重要的因素，可以代表不同的组件、功能和区域。将不同的图层设置不同的颜色，可以方便用户区别很复杂的图形。系统默认状态下创建的图层的颜色设置是 7 号颜色。

设置图层颜色的执行方式如下。

● 命令行：在命令行输入 color。

● 菜单栏：选择 "格式" > "颜色" 命令。

执行上述命令后，系统会弹出 "选择颜色" 对话框，如图 2.8 所示。在这个对话窗口中用户可以根据需要对每个图层设置相同或者不同的颜色。

图2.8 "选择颜色" 对话框

2. 设置图层线型

线型是指作为图层的基本元素的线条的组成和显示方式。在绘图时，常需要各种不同的线型来表示不同的构件，以线型划分图层。在绘制图形前为图层设置合适的线型，就可在该图层绘制出符合线型要求的图形对象，提高绘图效率。

设置图层线型的执行方式如下。

● 命令行：在命令行里输入 linetype。

● 菜单栏：选择"格式">"线型"命令。

执行上述各种命令后，系统会弹出"线型管理器"对话框，如图2.9所示。

图2.9　"线型管理器"对话框

● 线型过滤器：用于指定线型列表框中要显示的线型，选中右侧的"反向过滤器"复选框，就会以相反的过滤条件显示线型。

● 加载：单击此按钮，弹出"加载或重载线型"对话框，如图 2.10 所示。用户可以在"可用线型"框里选择所需要的线型，也可以单击"文件"按钮，从其他文件中调出所要加载的线型。

图2.10　"加载或重载线型"对话框

● 删除：用于删除选定的线型。

● 当前：可以为选择的图层或对象设置当前线型。如果是新创建的对象，系统默认线型是当前线型。

● 显示细节：用于显示"线型管理器"对话框中的"详细信息"选项组，如图2.11所示。

图2.11 "详细信息"选项组

要点提示

设置图层名原则是图层名最长可达 255 个字符，可以是数字、字母，但不允许使用大于号、小于号、斜杠、反斜杠、引号、冒号、分号、问号、逗号、竖杆和等于号等符号；在当前图形文件中，图层名称必须是唯一的，不能和已有的图层重名；新建图层时，如果选中了图层名称列表框中的某一图层（呈高亮度显示），那么新建的图层将自动继承该图层的属性（如颜色、线型等）。

3. 设置图层线宽

设置图层线宽就是改变图层中线条的宽度。不同宽度的线条表现图形对象的类型，可以帮助用户清晰地区分不同的对象，从而提高图形的表达能力和可读性。

图层线宽设置的执行方式如下。

● 命令行：在命令行里输入 lweight。

● 菜单栏：选择"格式">"线宽"命令。

执行上述各种命令后，系统会弹出"线宽设置"对话框，可以对线宽进行设置和管理，如图 2.12 所示。

图2.12 "线宽设置"对话框

● 线宽：设置当前或图形中已有对象的线宽值。

● 列出单位：设置线宽的单位，分别有 mm 和 inch 两种单位。

● 显示线宽：设置是否按照实际线宽来显示图形，可以单击状态栏上的"线宽"按钮来关闭或显示线宽。

- 默认：设置默认线宽值，即在关闭线宽显示后系统所显示的线宽。线宽的默认值为 0.15mm。
- 调整显示比例：可以通过调整显示比例滑块来设置线宽的显示比例大小。

技巧

在"线宽设置"对话框中设置显示线宽后，要单击状态栏中的线宽按钮，才能在绘图区显示线宽。

要点提示

不能删除下列图层：0 层和 Defpoints(定义点) 层，当前层和含有实体的图层以及外部引用支持层。

2.2.3　操作图层

建立完图层后，需要对其进行管理，包括图层的切换、重命名、删除及图层的显示控制等。

1. 图层特性的设置

在新建的 AutoCAD 操作界面中，系统对图层各种对象特征默认为随层，是由当前图层默认设置决定的。单独对对象特性进行设置时，新特性将覆盖随层特性。图层的特性包括名称、打开 / 关闭、冻结 / 解冻、锁定 / 解锁、颜色、线型、线宽和打印样式等。

图层的特性在"图层"工具栏，如图 2.13 所示，"对象特性"工具栏如图 2.14 所示。用户可以在绘图的时候对图形的特性一目了然，也可以在下拉列表框直接进行设置。

图2.13　"图层"工具栏

图2.14　"对象特性"工具栏

2. 图层的切换

图纸在绘制的过程是由两个以上图层组成，有时为了便于操作，需要在图层之间进行切换。切换图层有以下 3 种办法。

- 命令行：在命令行输入 Clayer。
- 单击"图层"工具栏中的"图层控制"下拉列表框，再单击要选择的图层即可。
- 在"图层特性管理器"对话框的图层列表中选择图层，使其高亮显示，然后单击"置为当前"按钮即可。

3. 图层的过滤

图层过滤功能简化了图层方面的操作。当图形文件包含多个图层时，用过滤器对图形进行过滤能极大地方便用户的操作。过滤图层可以通过"新建特性过滤器"对话框过滤，也可以通过"新建组过滤器"过滤图层。

过滤图层的执行方式如下。

第一种方法是使用"新建特性过滤器"过滤图层。具体操作如下：

单击"图层特性管理器"窗口中的"新建特性过滤器"按钮，打开"图层过滤器特性"对话框来命名图层过滤器，如图 2.15 所示。在对话框中的"过滤器名称"文本框里可以输入过滤器名称，但不允许使用标点类字符。在"过滤器定义"列表框中设置过滤条件，包括图层名称、状态和颜色等条件。

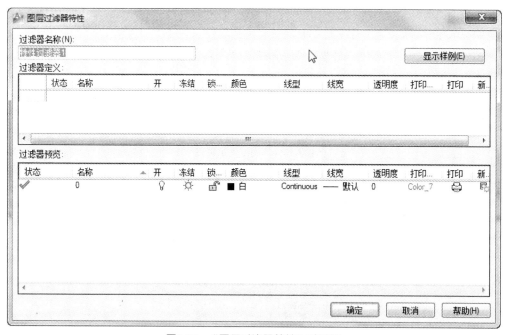

图2.15 "图层过滤器特性"对话框

第二种方法是使用"新建组过滤器"过滤图层。具体操作如下：

单击"图层特性管理器"窗口中的"新建组过滤器"按钮，就会在"图层特性管理器"窗口左侧的过滤器列表中添加一个新的"组过滤器 1"（也可以重命名特性过滤器）。单击"所有使用的图层"结点或者其他过滤器，显示对应的图层信息，然后把需要分组过滤的图层拖动到"组过滤器 1"中即可，如图 2.16 所示。

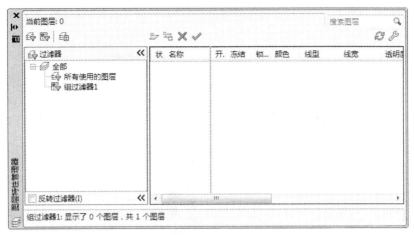

图2.16　"图层过滤器特性"窗口

在上面两种过滤图层的方法中，使用"图层过滤器特性"对话框所创建的过滤器中包含的图层是特定的，当满足过滤条件的图层才能放在此过滤器中，而使用"新组建过滤器"创建的过滤器所包含的图层取决于用户的实际需要。

4. 保存和恢复图层设置

图形由多个图层组成，特别是对于具有大量图层的图形，保存和恢复图层的设置非常重要，对完成图形后的一系列操作都非常的方便。

图层设置包括图层状态和图层特性。图层状态包括图层是否打开、冻结、锁定及打印等。图层特性包括图形对象的颜色、线宽、线型和打印样式。可以在"图层状态管理器"对话框中管理、保存或恢复图层状态。

例 2.2　将图层的设置进行保存。

操作步骤：

① 单击"图层状态管理器"对话框中的"新建"按钮，如图 2.17 所示，弹出"要保存的新图层状态"对话框。

图2.17　"图层状态管理器"对话框

② 在"新图层状态名"文本框中输入图层状态名"1",在"说明"文本框中输入相关的说明,如图 2.18 所示。

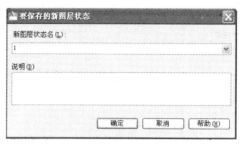

图2.18 "要保存的新图层状态"对话框

③ 单击"确定"按钮返回到"图层状态管理器"对话框。在"要恢复的图层特性"选项组中设置恢复选项,单击"关闭"按钮即可,如图 2.19 所示。

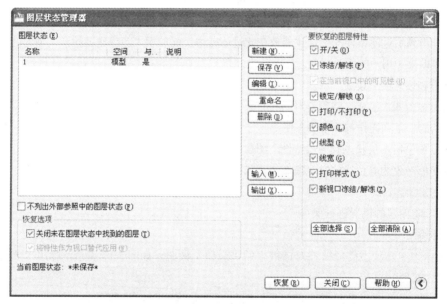

图2.19 "要恢复的图层特性"选项组

2.2.4 图层转换

在绘制图形过程中,有时需要将某些图层上的对象转移到另外一些图层上。图层的转换可以通过"图层转换器"来实现图层之间的转换。"图层转换器"可以转换当前图形中的图层,使其与其他图形的图层结构或 CAD 标准文件相互匹配。

利用"图层转换器"转换图层的执行方式是:菜单栏:选择"工具">"CAD 标准">"图层转换器"命令。

例 2.3 一个图形中有 a 和 b 两个图层,将这两个图层上的对象转换到新的图层 c 中。

操作步骤:

① 选择"工具">"CAD 标准">"图层转换器"命令,将会弹出"图层转换器"对话框,如图 2.20 所示。

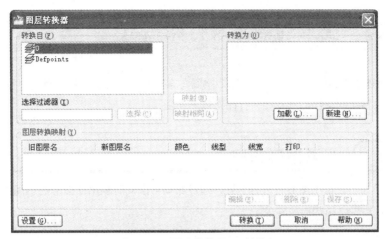

图2.20 "图层转换器"对话框

②单击"新建"按钮,弹出"新图层"对话框,在"名称"文本框中输入名称"c",并设定颜色,单击"确定"按钮, 如图2.21所示。

图2.21 "新图层"对话框

③"图层转换器"对话框的"转换自"列表中选择要转换的图层a,再从"转换为"列表中选择新建的图层c,然后单击"映射"按钮。这时原图层a将从"转换自"列表自动在"图层转换映射"列表中显示出转换映射情况。用同样的方法把图层b映射为图层c。单击"转换"按钮,转换成功,转换后的图形中文件中不再有图层a和b,而产生了新图层c,如图2.22所示。

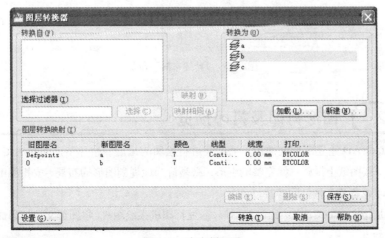

图2.22 产生新图层c

2.3 图形的输出及打印预览

在 AutoCAD 中创建和输出图形涉及模型空间与布局空间，介绍布局的创建，如何在 AutoCAD 中输入输出其他格式的文件，以及如何打印实体零件图等。

2.3.1 设置图形布局

布局主要是为了在输出图形时进行布置。通过布局可以同时输出该图形的不同视口，满足各种不同出图要求。还可以添加标题栏等。

执行方式如下。

- 命令行：在命令行输入 layout。
- 工具栏：单击"新建布局"按钮 。
- 菜单栏：选择"插入">"布局">"新建布局"命令，如图 2.23 所示。
- 在绘图区的"模型"选项卡或某个布局选项卡上单击鼠标右键，然后选择"新建布局"命令。

图2.23 "新建布局"命令

2.3.2 图形打印及打印预览

在利用 AutoCAD 建立图形文件后，通常要进行绘图的最后一个环节，即输出图形。在这一过程中，要想在一张图纸上得到一幅完整的图形，必须恰当地规划图形的布局、安排图纸规格和尺寸，正确地选择打印设备及各种打印参数。

输出图形是指在 AutoCAD 中绘制的图形，通过打印机或绘图机，将图形文件打印成图纸或文件。

执行方式如下。

- 命令行：在命令行输入 plot。
- 工具栏：单击标准工具栏中"打印"按钮 🖨。
- 菜单栏：选择"文件">"打印"命令。
- 在绘图区的"模型"选项卡或某个布局选项卡上单击鼠标右键，然后选择"打印"命令。
- 快捷键：Ctrl+P

执行"打印"命令后，弹出"打印—模型"对话框，单击右下角的"更多选项"按钮 ⊙，可以在"打印"对话框中显示更多选项，如图 2.24 所示。在"打印—模型"对话框中设置打印设备参数和图纸尺寸、打印份数等。

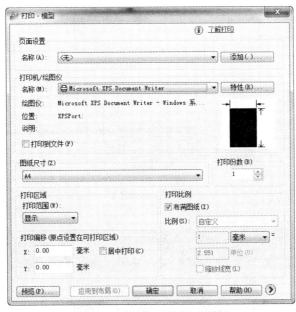

图2.24 "打印—模型"对话框

单击"预览"按钮将在图纸上以打印的方式显示图形。要退出打印预览并返回"打印"对话框，可按【ESC】键，然后按【ENTER】键，或单击鼠标右键，在快捷菜单上选择"退出"命令。

在将图形发送到打印机或绘图仪之前，最好先生成打印图形的预览查看是否正确。

2.4 综合案例——转角沙发

学习目的 🔍

通过绘制"转角"的"三人沙发"和一个"转角"两部分，熟悉"定数等分"、"分解"、"偏移"和"旋转"等命令。

重点难点 🔍

◎ 绘制矩形方法
◎ 偏移、旋转命令的使用
◎ 圆角、定数等分命令的使用

本实例绘制的"转角"是由两个"三人沙发"和一个"转角"两部分组成,最终效果图如图2.25所示。

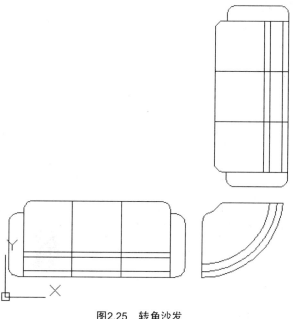

图2.25　转角沙发

操作步骤

1. 绘制三个矩形

Step 01　利用"矩形"命令绘制出两个矩形,矩形的大小分别为 800mm×4000mm 、80mm×335mm,如图 2.26 所示。

命令: rectang　　　　　　//单击"矩形"按钮

指定第一个角点或 [倒角(C)/标高(E)/圆角(F)/厚度(T)/宽度(W)]:　　//单击指定第一点

指定另一个角点或 [面积(A)/尺寸(D)/旋转(R)]: d　　　//输入d

指定矩形的长度 <3238.0000>: 800　//输入矩形长度为800

指定矩形的宽度 <1377.0000>: 400　//输入矩形宽度为400

指定另一个角点或 [面积(A)/尺寸(D)/旋转(R)]:　　//按【Enter】键结束

命令: rectang　　　　　　　　//单击"矩形"按钮

指定第一个角点或 [倒角(C)/标高(E)/圆角(F)/厚度(T)/宽度(W)]:　　//单击上面矩形左下角指定第一点

指定另一个角点或 [面积(A)/尺寸(D)/旋转(R)]: d　　　//输入d

指定矩形的长度 <3238.0000>: 80　//输入矩形长度为80

指定矩形的宽度 <1377.0000>: 335　//输入矩形宽度为335

指定另一个角点或 [面积(A)/尺寸(D)/旋转(R)]:　　//按【Enter】键结束

图2.26 绘制的两个矩形

Step 02 利用"镜像"命令绘制出另一个矩形,如图 2.27 所示。

命令: mirror　　//单击"镜像"按钮

选择对象: 找到 1 个　　　　//选择对象为刚画的两个矩形,按【Enter】键

选择对象: 找到 1 个, 总计 2 个

选择对象:

指定镜像线的第一点: 指定镜像线的第二点: //单击指定镜像线的第一点,单击指定镜像线第

二点, 按【Enter】键

要删除源对象吗? [是(Y)/否(N)] <N>: n //输入n, 按【Enter】键

图2.27 利用"镜像"命令绘制另一个矩形

Step 03 利用"分解"命令将矩形分解成直线,如图 2.28 所示。

命令: explode　　//单击"分解"按钮

选择对象: 找到 1 个 //选择对象为大矩形,按【Enter】键

选择对象:

图2.28 将矩形进行分解

2. 细化沙发部分

Step 01 利用"定数等分"命令将中间矩形上部线段等分为三部分，如图 2.29 所示。

命令: divide   //在命令行输入 divide

选择要定数等分的对象: //选择矩形上部线段

输入线段数目或 [块(B)]: 3   //输入线段数目为 3

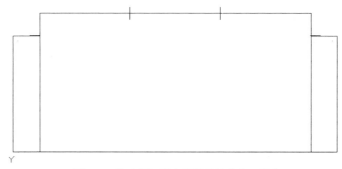

图2.29　将中间矩形上部线段等分为三部分

Step 02 以中间矩形上部线段上的点为起点画两条线段后删除"点"，如图 2.30 所示。

命令: line 指定第一点: //捕捉矩形上部线段上三等分点中的一点

指定下一点或 [放弃(U)]:   //鼠标单击指定第一点

指定下一点或 [放弃(U)]:   //鼠标单击指定另一点

命令: line 指定第一点: //捕捉矩形上部线段上三等分点中的另一点

指定下一点或 [放弃(U)]:   //鼠标单击指定第一点

指定下一点或 [放弃(U)]:   //鼠标单击指定另一点

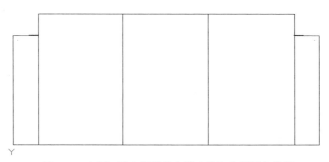

图2.30　中间矩形上部线段上的点为起点画两条线段

Step 03 以中间矩形下部线段为目标线段向上依次偏移距离不同的 3 条线段，偏移距离分别为 30mm、100mm、130mm，如图 2.31 所示。

命令: offset

当前设置: 删除源=否　图层=源　OFFSETGAPTYPE=0 //单击"偏移"按钮

指定偏移距离或 [通过(T)/删除(E)/图层(L)] <通过>: 30 //输入偏移距离为 30

选择要偏移的对象，或 [退出(E)/放弃(U)] <退出>: // 选择偏移对象为矩形下部线段

指定要偏移的那一侧上的点，或 [退出(E)/多个(M)/放弃(U)] <退出>: //单击其偏移侧一点

命令: offset

当前设置: 删除源=否　图层=源　OFFSETGAPTYPE=0 //单击"偏移"按钮

指定偏移距离或 [通过(T)/删除(E)/图层(L)] <通过>: 100 //输入偏移距离为100

选择要偏移的对象, 或 [退出(E)/放弃(U)] <退出>: // 选择偏移对象为矩形下部线段

指定要偏移的那一侧上的点, 或 [退出(E)/多个(M)/放弃(U)] <退出>: //单击其偏移侧一点

命令: offset

当前设置: 删除源=否 图层=源 OFFSETGAPTYPE=0 //单击"偏移"按钮

指定偏移距离或 [通过(T)/删除(E)/图层(L)] <通过>: 130 //输入偏移距离为130

选择要偏移的对象, 或 [退出(E)/放弃(U)] <退出>: // 选择偏移对象为矩形下部线段

指定要偏移的那一侧上的点, 或 [退出(E)/多个(M)/放弃(U)] <退出>: //单击其偏移侧一点

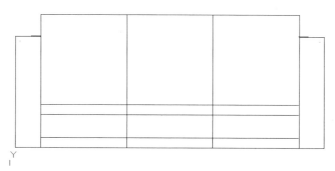

图2.31 将中间矩形下部线段进行偏移

3. 绘制"转角沙发"部分

Step 01 利用"直线"命令绘制"转角沙发"边缘直线部分, 如图 2.32 所示。

命令: line 指定第一点: //单击"直线"按钮, 捕捉矩形的右上角向右追踪, 到达合

适位置时单击即可

指定下一点或 [放弃(U)]: 300 // 向下追踪, 输入距离为300, 按【Enter】键

指定下一点或 [放弃(U)]: // 单击, 按【Enter】键

指定下一点或 [闭合(C)/放弃(U)]:

命令: line 指定第一点: //单击"直线"按钮, 捕捉矩形的右上角向右追踪, 到达合

适位置时单击即可

指定下一点或 [放弃(U)]: 300 // 向左追踪, 输入距离为300, 按【Enter】键

指定下一点或 [放弃(U)]: // 单击, 按【Enter】键

指定下一点或 [闭合(C)/放弃(U)]:

图2.32 绘制"转角沙发"边缘直线部分

Step 02 利用"圆弧"命令绘制"转角沙发"边缘其他圆弧部分, 如图 2.33 所示。

命令: arc 指定圆弧的起点或 [圆心(C)]: //单击"圆弧"按钮, 单击直线的一端点为起点

指定圆弧的第二个点或 [圆心(C)/端点(E)]: //单击指定圆弧上的第二点

指定圆弧的端点: //单击指定圆弧上的端点

命令: arc 指定圆弧的起点或 [圆心(C)]: //单击"圆弧"按钮，单击直线的一端点为起点

指定圆弧的第二个点或 [圆心(C)/端点(E)]: //单击指定圆弧上的第二点

指定圆弧的端点: //单击指定圆弧上的端点

命令: arc 指定圆弧的起点或 [圆心(C)]: //单击"圆弧"按钮，单击直线的一端点为起点

指定圆弧的第二个点或 [圆心(C)/端点(E)]: //单击指定圆弧上的第二点

指定圆弧的端点: //单击指定圆弧上的端点

命令: arc 指定圆弧的起点或 [圆心(C)]: //单击"圆弧"按钮，单击直线的一端点为起点

指定圆弧的第二个点或 [圆心(C)/端点(E)]: //单击指定圆弧上的第二点

指定圆弧的端点: //单击指定圆弧上的端点

图2.33 绘制"转角沙发"边缘其他圆弧部分

Step 03 利用"偏移"命令将"转角沙发"边缘的大圆弧部分进行偏移，偏移距离分别为30mm、70mm，如图2.34所示。

命令: offset

当前设置: 删除源=否 图层=源 OFFSETGAPTYPE=0 //单击"偏移"按钮

指定偏移距离或 [通过(T)/删除(E)/图层(L)] <通过>: 30 //输入偏移距离为30

选择要偏移的对象，或 [退出(E)/放弃(U)] <退出>: // 选择偏移对象为圆弧

指定要偏移的那一侧上的点，或 [退出(E)/多个(M)/放弃(U)] <退出>: //单击其偏移侧一点

命令: offset

当前设置: 删除源=否 图层=源 OFFSETGAPTYPE=0 //单击"偏移"按钮

指定偏移距离或 [通过(T)/删除(E)/图层(L)] <通过>: 70 //输入偏移距离为70

选择要偏移的对象，或 [退出(E)/放弃(U)] <退出>: // 选择偏移对象为圆弧

指定要偏移的那一侧上的点，或 [退出(E)/多个(M)/放弃(U)] <退出>: //单击其偏移侧一点

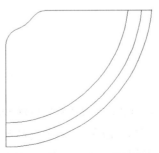

图2.34 将大圆弧部分进行偏移

4．绘制另一个"三人沙发"

Step01 利用"复制"命令对三人沙发进行复制，如图 2.35 所示。

命令：copy　　//单击"复制"按钮

选择对象：指定对角点：找到 8 个　　//选择对象为三人沙发，按【Enter】键

选择对象：

当前设置：　复制模式 = 多个

指定基点 或 [位移(D)/模式(O)] <位移>：　　//单击指定基点

指定第二个点或 [阵列(A)] <使用第一个点作为位移>：　//移动到合适位置单击鼠标，按【Enter】键

指定第二个点或 [阵列(A)/退出(E)/放弃(U)] <退出>：

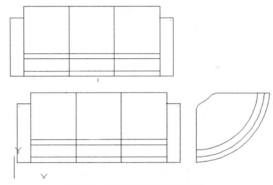

图2.35　对三人沙发进行复制

Step02 利用"旋转"命令对三人沙发进行 90° 旋转，如图 2.36 所示。

命令：rotate　　　//单击"旋转"按钮

UCS 当前的正角方向：　ANGDIR=逆时针　ANGBASE=0

选择对象：指定对角点：找到 8 个　　//选择对象为三人沙发，按【Enter】键

选择对象：

指定基点：　　　　　//单击指定基点

指定旋转角度，或 [复制(C)/参照(R)] <0>：　90　　//输入旋转角度为90，按【Enter】键

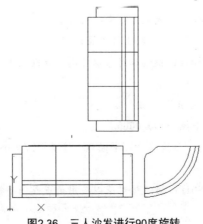

图2.36　三人沙发进行90度旋转

Step 03 利用"移动"命令对三人沙发进行相应的移动,使其与"转角"沙发对齐,如图 2.37 所示。

命令: move   //单击"旋转"按钮

选择对象: 指定对角点: 找到8 个   //选择对象为三人沙发,按【Enter】键

选择对象:

指定基点或 [位移(D)] <位移>:   //单击指定基点

指定第二个点或 <使用第一个点作为位移>:   //移动到合适位置单击即可

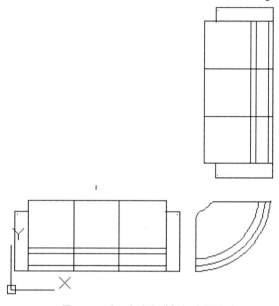

图2.37　对三人沙发进行相应的移动

5. 利用"圆角"命令绘制圆角

Step 01 利用"圆角"命令对中间矩形进行圆角处理,如图 2.38 所示。

命令: fillet   //单击"圆角"按钮

当前设置: 模式 = 修剪, 半径 = 50.0000

选择第一个对象或 [放弃(U)/多段线(P)/半径(R)/修剪(T)/多个(M)]:   //单击矩形一条边为第一个对象

选择第二个对象, 或按住 Shift 键选择对象以应用角点或 [半径(R)]: r //输入r

指定圆角半径 <50.0000>: 50 //输入圆角半径为50

选择第二个对象, 或按住 Shift 键选择对象以应用角点或 [半径(R)]:   //单击矩形另一条边为第二个对象

命令: fillet   //单击"圆角"按钮

当前设置: 模式 = 修剪, 半径 = 50.0000

选择第一个对象或 [放弃(U)/多段线(P)/半径(R)/修剪(T)/多个(M)]: //单击矩形一条边为第一个对象

选择第二个对象, 或按住 Shift 键选择对象以应用角点或 [半径(R)]: //单击矩形另一条边为第二个对象

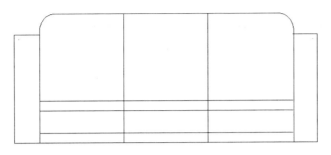

图2.38　对中间矩形进行圆角处理

Step 02 重复上面的操作随其他的矩形进行圆角处理，绘制后如图 2.39 所示。

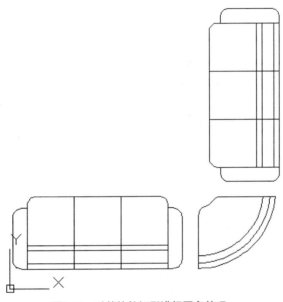

图2.39　对其他的矩形进行圆角处理

2.5　习题

一、填空题

1. 在 AutoCAD 2012 中，使用 ＿＿＿＿＿＿＿＿对话框，可以设置和管理图层。

2. 如果已经创建了新图形，可以选择 ＿＿＿＿＿＿＿＿菜单项来设置单位，也可以直接在命令行执行 ＿＿＿＿＿＿＿＿命令。

3. 在 AutoCAD 中，系统默认的线型是 ＿＿＿＿＿＿＿＿，默认线宽 0 单位，该线型是 ＿＿＿＿＿＿＿＿（连续或中断）的。

4. 用户可以通过单击 ＿＿＿＿＿＿＿＿对话框中的 ＿＿＿＿＿＿＿＿按钮来删除不需要的图层。

5. 如果用户需要切换图层，可以通过单击 ＿＿＿＿＿＿＿＿对话框中的 ＿＿＿＿＿＿＿＿按钮来完成切换图层的命令。

二、选择题

1．AutoCAD 图形文件的扩展名为（　）。

A．DWG　　　　　B．DWS　　　　C．DWF　　　　　　D．DWT

2．下列 _____ 不属于图形实体的通用属性。

A．颜色　　　　　B．图案填充　　C．线宽　　　　　　D．线型比例

3．可以删除的图层是（　）。

A．当前图层　　　B．0 层　　　　C．包含对象的图层　D．空白的非 0 图层

4．AutoCAD 软件不能用来进行（　）。

A．文字处理　　　B．服装设计　　C．电路设计　　　　D．零件设计

三、上机操作题

绘制台阶侧视图，如图 2.40 所示。用"直线"命令结合相对坐标的使用来绘制楼梯的跑道，用"多线"命令来绘制楼梯栏杆，用"直线"和"偏移"命令来绘制楼梯扶手，最后用"修剪"及"圆角"等命令综合地来修饰图形。

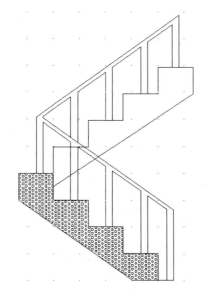

图2.40　台阶侧视图

第3章 绘制基本图形

AutoCAD 2012 不仅可以绘制点、直线、圆、圆弧、多边形和圆环等基本二维图形，还可以绘制多线、多段线和样条曲线等高级图形对象。二维图形的形状都很简单，创建容易，但它们是 AutoCAD 的绘图基础。

→ 学习目标

- 了解 AutoCAD 2012 功能区
- 掌握点、直线、圆、圆弧、多边形和圆环等对象的绘制方法
- 掌握多线、多段线和样条曲线等高级图形对象的绘制方法

3.1 点

从几何角度上讲，点是一切图形元素的基础。在 AutoCAD 中，点可以作为节点，也可作为绘图的主要参考点。

启用点命令的执行方式如下。

- 命令行：在命令行里输入 point。
- 菜单栏：选择"绘图">"点"命令。
- 工具栏：单击"绘图"工具栏中的"点"按钮 。

当选择菜单栏中"绘图">"点"命令，将会出现子菜单，如图 3.1 所示。

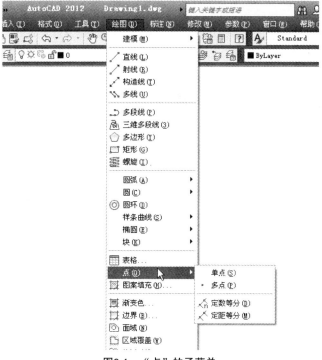

图3.1 "点"的子菜单

3.1.1 设置点样式

点的绘制较为容易，默认情况下，点对象仅被显示成一个小圆点，但用户可以根据自己的需要进行设置。

1. 点样式

选择"格式">"点样式"命令，弹出如图 3.2 所示的"点样式"对话框。

"点样式"对话框的上部列出了 AutoCAD 2012 提供的所有的点的显示模式，可以根据需要进行选取。

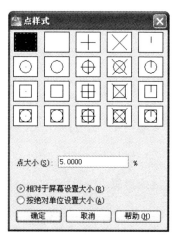

图3.2 "点样式"对话框

2．点的大小

在"点样式"对话框中有两个选项,分别是"相对于屏幕设置大小"和"按绝对单位设置大小"。

选择"相对于屏幕设置大小"时,在"点大小"文本框中输入百分数;选择"按绝对单位设置大小"时,在"点大小"文本框中输入的是实际单位,设置完成后单击"确定"按钮即可。

例3.1 分别将下面的线段用不同的点样式进行三等分,如图3.3、图3.4所示。

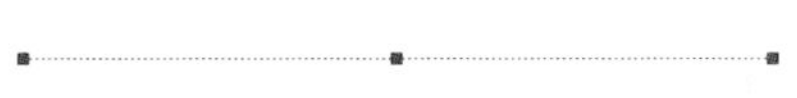

图3.3 默认点样式 　　　　图3.4 另一种方框点样式

操作步骤:

命令: ddptype 正在重生成模型

正在重生成模型 //选择点样式

命令: divide

选择要定数等分的对象: //选择直线为定数等分的对象

输入线段数目或 [块(B)]: 3 //输入线段数目为3

技巧

在命令行输入 ddptype,也可以启动"点样式"对话框。

3.1.2 单点

启动"单点"命令执行方式如下。

● 命令行:在命令行中输入 point。

● 菜单栏:选择"绘图">"点">"单点"命令。

命令行提示如下:

命令: point

当前点模式: PDMODE=35 PDSIZE=40.0000

指定点: (指定点的位置)

3.1.3 多点

启动"多点"命令执行方式如下。

● 命令行:在命令行中输入 point 命令。

● 菜单栏:选择"绘图">"点">"多点"命令。

例3.2 在绘图窗口中的任意位置创建4个点,如图3.5所示。

图3.5 使用点命令绘制4个点

操作步骤：

命令：point　　//在命令行输入point命令

当前点模式：PDMODE=66 PDSIZE=0.0000

指定点：在绘图窗口中单击鼠标左键即可出现一个点　　//在不同位置单击4次

指定点：　　　　　　　　　　　　　　　　　　　　//按【Esc】键结束绘制点

3.1.4 定数等分点

在 AutoCAD 中，使用 divide（DIV）命令，可以在对象上按指定数目等距均分创建点。使用该操作不是把对象等分成单独的对象，只是标明定数等分的位置，将这些定数等分点作为参考几何点。

启动"定数等分点"命令的执行方式如下。

● 命令行：在命令行输入 divide。

● 工具栏：选择"绘图">"点">"定数等分"命令，如图 3.6 所示。

图3.6 "点"的子菜单

例 3.3　将图 3.7（a）中三角形△ACB 的 AB 边等分为 4 部分，如图 3.7(b) 所示。

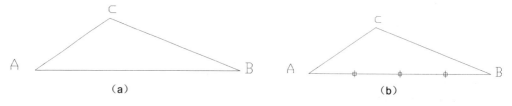

图3.7 四等分三角形的边

操作步骤：

命令：divide　　　　　　　　//在命令行键入 divide

选择要定数等分的对象：　　　　//选择定数等分的对象，单击三角形的 AB 边

输入线段数目或[块(B)]：3　　//输入等分段数后按【Enter】键

要点提示

等分点的起点因不同的对象类型也是不同的，像直线或非闭合的多线段，其起点是距离选择点最近的端点；若是闭合的多线段，起点是多线段的起点；对于圆，起点是捕捉角度的方向线与圆的交点处。

3.1.5 定距等分点

定距等分是根据指定的距离来创建等分点或插入块。定距等分点也称为测量点，这种操作同样也不会将对象等分成单独的对象。

启动"定距等分点"命令的执行方式如下。

● 命令行：在命令行中输入 measure。

● 菜单栏：选择"绘图" > "点" > "定距等分"命令，如图 3.8 所示。

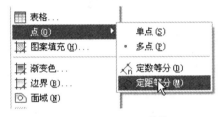

图3.8 "点"的子菜单

例 3.4 将图 3.9(a) 中的△ AOB 的 BA 边按长度 CB 进行等分操作，最终效果如图 3.9(b) 所示。

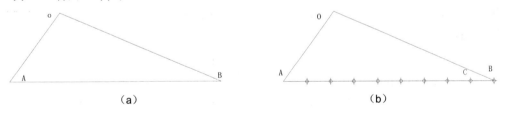

（a） （b）

图3.9 定距等分三角边

操作步骤：

命令：measure //定距等分对象命令

选择要定距等分的对象： //选择定距等分的对象，单击三角形的 BA边

指定线段长度或块(B)： //指定线段起点，单击 B点

指定第二点： //指定线段的第二点，单击 C点

注 意　　定数等分点命令和测量点虽然都属于等分点类别，但是定数等分点命令（divide）和测量点命令（measure）的区别是：divide命令要求用户提供分段数，然后根据对象的总长度自动计算等分线段的长度；而measure命令要求用户提供每段的长度，然后根据对象总长度自动计算分段数。

3.2　线

直线是最基本的图形对象，是最简单、最常用的图形对象；射线常作为绘图辅助线；构造线常在三维空间使用。下面介绍如何绘制直线、射线、构造线、多段线和多线等。

3.2.1　直线

直线是 CAD 图形中最基本的单位，可以在两点之间绘制一条直线。

绘制直线的执行方式如下。

- 命令行：在命令行中输入 line。
- 菜单栏：选择"绘图" > "直线"命令。
- 工具栏：单击"绘图"工具栏中的"直线"按钮 ╱。

例 3.5　使用"直线"命令绘制如图 3.10 所示的多边形。

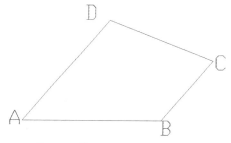

图3.10　使用直线命令绘制多边形

操作步骤：

命令: line	// "直线"命令
指定第一点: 10, 20	//指定 A点坐标
指定下一点或[放弃(U)]: 200, 20	//指定 B点坐标
指定下一点或[放弃(U)]: 300, 150	//指定 C点坐标
指定下一点或[闭合(C)/放弃(U)]: 150, 200	//指定 D点坐标
指定下一点或[闭合(C)/放弃(U)]: C	//输入 C并按【Enter】键确认即可

> **要点提示**
>
> 　　用户在屏幕上连续确定下一点，则在确定第四个点时，命令行就会提示"指定第一点或[闭合 (C)/ 放弃 (U)]"。

3.2.2　射线

射线的一端固定，另一端无限延长。射线是一种单向无限延伸的直线，属于绘制辅助线。

射线的执行方式如下。

- 命令行：在命令行中输入 ray。
- 菜单栏：选择"绘图" > "射线"命令。

命令行提示："ray 指定起点："，在屏幕上单击指定一点，此时命令行提示"指定通过点："，再在屏幕上指定要通过的点即可，按【Enter】键结束命令。

3.2.3 构造线

构造线也是绘制辅助线。构造线是向两个方向无限延伸的直线。

"构造线"命令的执行方式如下。

- 命令行：在命令行中输入 line。
- 菜单栏：选择"绘图" > "构造线"命令。
- 工具栏：单击"绘图"工具栏中的"构造线"按钮 。

命令行提示"line"指定点或[水平（H）/垂直（V）/角度（A）/二等分（B）/偏移（O）]："，按要求输入即可。

各选项如下所述。

- 指定点：指定构造线将要经过的点。
- 水平：创建一条通过选定点的水平参照线。
- 垂直：即创建垂直构造线。
- 角度：可以选择一条参照线，再指定构造线与该线之间的角度，也可创建与 X 轴成指定角度的构造线。
- 二等分：可以创建二等分指定角的构造线，此时必须指定等分角度的定点、起点和端点。
- 偏移：可创建平行于指定线的构造线，此时必须指定偏移距离，基线和构造线位于基线的哪一侧。

例 3.6　使用构造线命令绘制角的平分线，如图 3.11 所示。

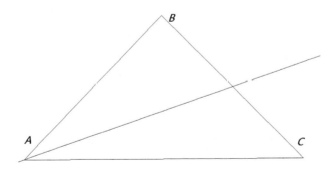

图 3.11　使用构造线绘制的角平分线

操作步骤：

命令：line 指定第一点：

指定下一点或 [放弃(U)]：　　　　　//单击A点指定第一点

指定下一点或 [放弃(U)]：　　　　　//单击B点指定第二点

指定下一点或 [闭合(C)/放弃(U)]：　　//单击C点指定下一点，按【Enter】键结束

命令: xline 指定点或 [水平(H)/垂直(V)/角度(A)/二等分(B)/偏移(O)]:
指定通过点: //单击A点指定通过的一点并按【Enter】键

3.2.4 多段线

多段线是 AutoCAD 中较为重要的一种组合图形，由线段、直线和弧线组合而成。多段线可用于绘制各种复杂的图形，应用很广。使用多段线命令创建的线段及圆弧，都可以设定宽度。

"多段线"命令的执行方式如下。

- 命令行：在命令行中输入 pline。
- 菜单栏：选择"绘图">"多段线"命令。
- 工具栏：单击"绘图"工具栏中的"多段线"按钮。

命令行提示："指定起点:",指定起点后命令行提示"指定下一点或 [圆弧(A)/ 半宽(H)/ 长度(L)/ 放弃（U）/ 宽度（W）]:",指定一点后命令行提示："指定下一点或 [圆弧（A）/ 闭合（C）/ 半宽（H）/ 长度（L）/ 放弃（U）/ 宽度（W）]:",直至到多段线的终点。

命令行提示中的各选项解释如下。

- 指定起点：指定多段线的起点。
- 圆弧：切换至圆弧绘制命令。
- 半宽：设置多段线的半宽度。
- 闭合：自动封闭多段线，系统默认以多段线的起点作为闭合终点。
- 长度：指定绘制的直线段的长度。在绘制时，系统将以沿着绘制上一段直线的方向接着绘制直线。
- 放弃：绘制时撤销上一次的操作。
- 宽度：设置多段线的宽度。

例 3.7 使用多段线命令绘制如图 3.12 所示的图形。

图 3.12 使用多段线绘制的图形

操作步骤：

命令: pline //在命令行输入多段线命令
指定起点:
当前线宽为 0.0000

指定下一个点或 [圆弧(A)/半宽(H)/长度(L)/放弃(U)/宽度(W)]：L

指定直线的长度：300 //输入直线长度为300

指定下一点或 [圆弧(A)/闭合(C)/半宽(H)/长度(L)/放弃(U)/宽度(W)]：A

指定圆弧的端点或[角度(A)/圆心(CE)/闭合(CL)/方向(D)/半宽(H)/直线(L)/半径(R)/第二个点(S)/放弃(U)/宽度(W)]：R

指定圆弧的半径：150 //输入圆弧半径为150

指定圆弧的端点或 [角度(A)]： //单击直线端点为圆弧的一端点

指定圆弧的端点或[角度(A)/圆心(CE)/闭合(CL)/方向(D)/半宽(H)/直线(L)/半径(R)/第二个点(S)/放弃(U)/宽度(W)]： //单击指定圆弧的另一端点

指定圆弧的端点或[角度(A)/圆心(CE)/闭合(CL)/方向(D)/半宽(H)/直线(L)/半径(R)/第二个点(S)/放弃(U)/宽度(W)]：L

指定下一点或 [圆弧(A)/闭合(C)/半宽(H)/长度(L)/放弃(U)/宽度(W)]：//单击指定直线第一点

指定下一点或 [圆弧(A)/闭合(C)/半宽(H)/长度(L)/放弃(U)/宽度(W)]： //单击指定直线第二点

技巧

若要将多段线转换成单独的直线段和弧线段，可以通过使用 Explode 命令来实现。

3.2.5 多线

多线是一种组合图形，由 1～16 条平行线组成对象，这种平行线成为元素。通过指定距多重平行线初始位置的偏移量可以确定元素的位置。多线用途很广，而且能够极大地提高绘图效率。多线一般用于电子路线图、建筑墙体的绘制等。

"多线"命令的执行方式如下。

● 命令行：在命令行中输入 mline。

● 菜单栏：选择"绘图">"多线"命令。

命令行提示"指定起点或 [对正（J）/比例（S）/样式（ST）]:"。

各选项解释如下。

● 指定起点：指定多线的起点。

● 对正：指定绘制多线时的对正方式。

要点提示

多线的对正方式共有 3 种方式："上"是指从左向右绘制多线时，多线最上端的线会随着鼠标移动；"无"是指多线的中心将随着鼠标移动；"下"是指从左向右绘制多线时，多线最下端的线会随着鼠标移动。

● 比例：设置多线的平行线之间的距离，即多线的宽度。

在设置多线的宽度时，宽度值可输入 0、正值或负值。输入 0 时各平行线就重合，输入负值时平行线的排列将倒置。此选项不会影响多线本身的线型比例。

● 样式：设置多线的绘制样式。默认的样式为标准型。用户可根据提示输入所需多线样式名。

在用多线绘制图形时，其样式是可以重新设置和定义的，如可以设置线条的数量、颜色和线型及线间的距离。

设置多线样式的执行方式是：选择"格式">"多线样式"命令，将会弹出"多线样式"对话框，如图 3.13 所示。

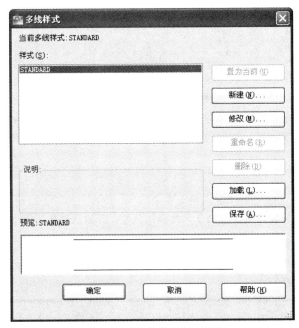

图3.13　"多线样式"对话框

例 3.8　使用多线命令绘制如图 3.14 所示的图形。

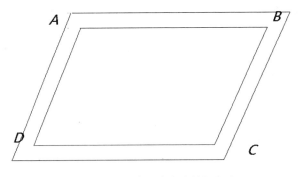

图3.14　使用多线命令绘制多边形

操作步骤：

命令: mline

当前设置: 对正 = 上, 比例 = 20.00, 样式 = STANDARD

指定起点或[对正(J)/比例(S)/样式(ST)]: J　　　　//确定绘制多线的对正方式

输入对正类型[上(T)/无(Z)/下(B)]<上>: T　　　　//设置顶端线随光标移动

指定起点或[对正(J)/比例(S)/样式(ST)]:   //在绘图区单击 A点

指定下一点: //在绘图区单击 B点

指定下一点或[放弃(U)]:   //在绘图区单击 C点

指定下一点或[闭合(C)/放弃(U)]:   //在绘图区单击 D点

将多线拖至A点,输入C后按 Enter键。

3.3 弧形对象

圆类命令都是最简单的曲线命令。当启用圆类命令时可以绘制圆、圆环、圆弧和椭圆等图形。

3.3.1 圆

圆命令是经常使用的命令,其执行方式和绘制方法有很多种,下面详细介绍。

1. 执行方式

● 命令行:在命令行里输入 circle。

● 菜单栏:选择"绘图" > "圆"命令,如图 3.15 所示。

● 工具栏:单击"绘图"工具栏中的"圆"按钮 ⊘ 。

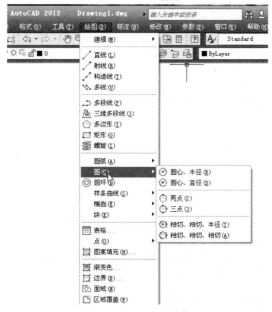

图3.15   "圆"子菜单

2. 绘制方法

(1)圆心、半径方式

调用 Circle 命令后,提示如下:

指定圆的圆心或[三点(3P)/两点(2P)/相切、相切、半径(T)]:

输入圆心坐标即可。

例 3.9 使用圆心、半径绘制圆。

命令：circle   //绘制圆的命令

指定圆的圆心或[三点(3P)/两点(2P)/相切、相切、半径(T)]: 0, 0   //指定圆的圆心

指定圆的半径或[直径(D)]<300.0000>: 500   //指定圆的半径

（2）圆心、直径方式

调用命令后，提示如下：

指定圆的圆心或[三点(3P)/两点(2P)/相切、相切、半径(T)]:   //输入圆心坐标

指定圆的半径或[直径(D)]: D

此时输入直径即可完成圆的绘制。

（3）三点方式

调用命令后，提示如下：

指定圆的圆心或[三点(3P)/两点(2P)/相切、相切、半径(T)]: 3P   //三点方式

依次输入三个点的坐标即可。

（4）相切、相切、半径方式

在使用相切、相切、半径方式绘制圆时，需要先指定与圆相切的两个对象。调用命令后，提示如下：

指定圆的圆心或[三点(3P)/两点(2P)/相切、相切、半径(T)]: T

指定对象与圆的第一个切点: //单击水平线选择一点

指定对象与圆的第二个切点: //单击水平线选择一点

指定圆的半径<443.2281>: 200 //输入圆的半径为200

在绘制圆的过程中，如果在命令提示要求后输入半径或者直径时所输入的值无效（如有英文字母或负值时），会提示："需要数值距离或第二点"、"值必须为正且非零" 等信息，或提示重新输入值，或者退出该命令的执行。

例 3.10 使用相切、相切、半径绘制圆，如图 3.16 所示。

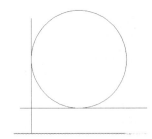

图3.16 使用相切、相切、半径绘制圆

操作步骤：

命令: line //在命令行输入直线命令

指定下一点或 [放弃(U)]: //单击指定第一点

指定下一点或 [放弃(U)]: //单击指定第二点

重复上面此动作绘制另一条直线。

命令: circle 指定圆的圆心或 [三点(3P)/两点(2P)/切点、切点、半径(T)]: ttr //命令行输入切点、切点、半径命令

指定对象与圆的第一个切点: //单击垂直直线上一点为第一个切点

指定对象与圆的第二个切点：//单击水平直线上一点为第一切点

指定圆的半径 <443.2281>：200　//输入圆的半径为200

技巧

在使用相切、相切、半径命令时，需要先指定与圆相切的两个对象（如图3.16所示），系统总是在距拾取点最近的部位绘制相切的圆。因此，拾取相切对象时，所拾取的位置不同，最后得到的结果有可能也不同。

（5）相切、相切、相切方式

用指定三个和圆相切的已知对象直线、圆或圆弧绘制的方法无法用命令行输入。只能在菜单栏中，选择"绘图">"圆">"相切、相切、相切"命令来启动操作，并先后利用鼠标来拾取已知的三个图形对象来完成这种绘制圆形的操作。

3.3.2　圆弧

圆弧是圆的一部分，使用圆弧功能可以绘制任意半径的圆弧图形。

1. 执行方式

● 命令行：在命令行里输入 arc。

● 菜单栏：选择"绘图">"圆弧"命令，如图3.17所示。

● 工具栏：单击"绘图"工具栏中的"圆弧"按钮。

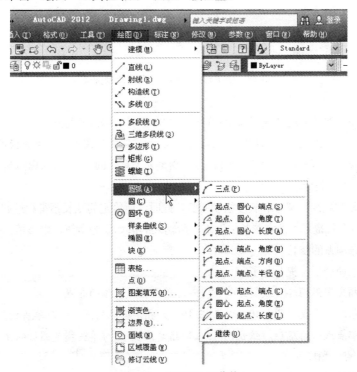

图3.17　"圆弧"子菜单

2. 绘制方法

(1) 三点

通过给定的 3 个点绘制圆弧，此时应指定圆弧的起点、通过的第二个点和端点。

调用"圆弧"命令后，提示如下：

命令: arc 指定圆弧的起点或 [圆心(C)]:   //单击指定圆弧的起点

指定圆弧的第二个点或 [圆心(C)/端点(E)]:   //单击指定圆弧上的第二点

指定圆弧的端点: //单击指定圆弧的端点

(2) 起点、圆心、端点

通过指定圆弧的起点、圆心和端点绘制圆弧。

调用"圆弧"命令后，提示如下：

命令: arc 指定圆弧的起点或 [圆心(C)]:   //单击指定圆弧的起点

指定圆弧的第二个点或 [圆心(C)/端点(E)]: _c 指定圆弧的圆心: //单击指定圆弧的圆心

指定圆弧的端点或 [角度(A)/弦长(L)]: //单击指定圆弧的端点

(3) 起点、圆心、角度

通过指定圆弧的起点、圆心和角度绘制圆弧。此时，需要在"指定包含角:"提示下输入角度值。如果当前环境设置的角度方向为逆时针方向，且输入的角度值为正，则所绘制的圆弧是从起始点绕圆心沿逆时针方向绘出；如果输入的角度值为负，则沿顺时针方向绘制圆弧。

例 3.11 使用起点、圆心、角度绘制圆弧，如图 3.18 所示。

图3.18 使用起点、圆心、角度绘制圆弧

操作步骤：

命令: arc 指定圆弧的起点或 [圆心(C)]:   //单击指定圆弧的起点

指定圆弧的第二个点或 [圆心(C)/端点(E)]: _c 指定圆弧的圆心: //单击指定圆弧的圆心

指定圆弧的端点或 [角度(A)/弦长(L)]: _a 指定包含角: 60   //输入圆弧的角度60°

(4) 起点、圆心、长度

通过指定圆弧的起点、圆心和长度绘制圆弧。此时，所给定的弦长不得超过起点到圆心距离的 2 倍。另外，在命令行提示"指定弦长:"下，所输入的值如果为负值，则该值的绝对值将作为对应整圆的空缺部分圆弧的弦长。

调用"圆弧"命令后，提示如下：

命令: arc 指定圆弧的起点或 [圆心(C)]: //单击指定圆弧的起点

指定圆弧的第二个点或 [圆心(C)/端点(E)]: _c 指定圆弧的圆心: //单击指定圆弧的圆心

指定圆弧的端点或 [角度(A)/弦长(L)]: _1 指定弦长: //单击指定圆弧的弦长

(5) 起点、端点、角度

可通过指定圆弧的起点、端点和角度绘制圆弧。

例 3.12 使用起点、端点、角度绘制圆弧，如图 3.19 所示。

图3.19 使用起点、端点、角度绘制圆弧

操作步骤：

命令：arc 指定圆弧的起点或 [圆心(C)]： //单击指定圆弧的起点

指定圆弧的第二个点或 [圆心(C)/端点(E)]：_e

指定圆弧的端点： //单击指定圆弧的端点

指定圆弧的圆心或 [角度(A)/方向(D)/半径(R)]：_a 指定包含角：60 //输入圆弧的角度60

(6) 起点、端点、方向

可通过指定圆弧的起点、端点和方向绘制圆弧。当命令行提示"指定圆弧的起点切向："时，拖动鼠标，AutoCAD 会在当前光标与圆弧起始点之前形成一条橡皮筋线，此橡皮筋线即为圆弧在起始点处的切线。通过拖动鼠标确定圆弧在起始点处的切线方向后单击鼠标拾取键，即可得到相应的圆弧。

调用"圆弧"命令后，提示如下：

命令：arc 指定圆弧的起点或 [圆心(C)]： //单击指定圆弧的起点

指定圆弧的第二个点或 [圆心(C)/端点(E)]：_e

指定圆弧的端点： //单击指定圆弧的端点

指定圆弧的圆心或 [角度(A)/方向(D)/半径(R)]：_d 指定圆弧的起点切向： //单击指定圆弧的方向

(7) 起点、端点、半径

可通过指定圆弧的起点、端点和半径绘制圆弧。

调用"圆弧"命令后，提示如下：

命令：arc 指定圆弧的起点或 [圆心(C)]. //单击指定圆弧的起点

指定圆弧的第二个点或 [圆心(C)/端点(E)]：_e

指定圆弧的端点： //单击指定圆弧的端点

指定圆弧的圆心或 [角度(A)/方向(D)/半径(R)]：_r 指定圆弧的半径： //单击指定圆弧的半径

(8) 圆心、起点、端点

可通过指定圆弧的圆心、起点和端点绘制圆弧。

调用"圆弧"命令后，提示如下：

命令：arc 指定圆弧的起点或 [圆心(C)]：_c 指定圆弧的圆心： //单击指定圆弧的圆心

指定圆弧的起点： //单击指定圆弧的起点

指定圆弧的端点或 [角度(A)/弦长(L)]： //单击指定圆弧的端点

(9) 圆心、起点、角度

可通过指定圆弧的圆心、起点和角度绘制圆弧。

调用"圆弧"命令后，提示如下：

命令：arc 指定圆弧的起点或 [圆心(C)]：_c 指定圆弧的圆心： //单击指定圆弧的圆心

指定圆弧的起点：   //单击指定圆弧的起点

指定圆弧的端点或 [角度(A)/弦长(L)]：_a 指定包含角： //单击指定圆弧的角度

(10) 圆心、起点、长度

可通过指定圆弧的圆心、起点和长度绘制圆弧。

调用"圆弧"命令后，提示如下：

命令：arc 指定圆弧的起点或 [圆心(C)]：_c 指定圆弧的圆心： //单击指定圆弧的圆心

指定圆弧的起点： //单击指定圆弧的起点

指定圆弧的端点或 [角度(A)/弦长(L)]：_l 指定弦长： //单击指定圆弧的弦长

(11) 继续

选择该命令，并在命令行的"指定圆弧的起点或 [圆心(C)]："提示下直接按【Enter】键，系统将以最后一次绘制的线段或绘制圆弧过程中确定的最后一点作为新圆弧的起点，以最后所绘线段方向或圆弧终止点处的切线方向为新圆弧在起始点处的切线方向，然后再指定一点，就可以绘制出一个圆弧。

3.3.3 圆环

圆环是填充环或实体填充圆。若要创建圆环，可指定它的内、外直径和圆心。

圆环的执行方式如下。

● 命令行：在命令行里输入 donut。

● 菜单栏：选择"绘图" > "圆环"命令。

例 3.13   在坐标原点绘制一个内径为 200，外径为 500 的圆环，如图 3.20 所示。

图3.20 绘制圆环

操作步骤：

命令：donut   //绘制圆环命令

指定圆环的内径<0.5000>：200   //指定圆环的内径

指定圆环的外径<1.0000>：500   //指定圆环的外径

指定圆环的中心点或<退出>：500,500   //指定圆环的中心点

指定圆环的中心点或<退出>：   //确认 Donut命令,直接按【Enter】键

3.3.4 椭圆与椭圆弧

椭圆是由圆心、长轴和短轴等构成的几何对象。启用椭圆命令可以绘制任意形状的椭圆和椭圆弧图形。

1. 椭圆的执行方式

● 命令行：在命令行里输入 ellipse。

● 菜单栏：单击"绘图">"椭圆"命令，如图 3.21 所示。

● 工具栏：单击"绘图"工具栏上的"椭圆"按钮 ⊙。

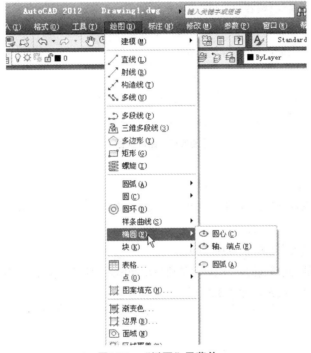

图3.21 "椭圆"子菜单

2. 绘制椭圆的方法

（1）定义两轴绘制椭圆

调用"椭圆"命令后，提示如下：

指定椭圆的轴端点或[圆弧(A)/中心点(C)/等轴测圆(I)]： //给出椭圆其中一个轴的一个端点

指定轴的另一个端点： //给定同一个轴的另一个端点

//指定另一条半轴长度或[旋转(R)]：

在此提示下直接输入另一条半轴的长度，即可执行默认项，AutoCAD将绘制出指定条件的椭圆。

（2）定义长轴及椭圆转角绘制椭圆

调用"椭圆"命令后，提示如下：

指定椭圆的轴端点或[圆弧(A)/中心点(C)/等轴测圆(I)]： //给出椭圆长轴的一个端点

指定轴的另一个端点： //给定长轴的另一个端点

指定另一条半轴长度或[旋转(R)]：R

指定绕长轴旋转的角度：

在此提示下输入转角值，AutoCAD 将绘制出一个椭圆，该椭圆为通过这两点并且以这两点之间的距离为直径的圆绕这两点的连线旋转指定角度后得到的投影。

（3）定义中心点和两轴端点绘制椭圆

调用"椭圆"命令后，提示如下：

指定椭圆的轴端点或[圆弧(A)/中心点(C)]：C

指定椭圆的中心点： //给定椭圆的中心

指定轴的端点： //给定椭圆其中一个轴的任一端点位置

指定轴的另一端点：

指定另一条半轴长度或[旋转(R)]：

这时输入另一条半轴的长度，或者通过旋转(R)选项输入角度来确定椭圆。

例 3.14 绘制一个椭圆，如图 3.22 所示。

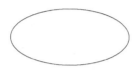

图3.22 绘制椭圆

操作步骤：

命令：ellipse

指定椭圆的轴端点或[圆弧(A)/中心点(C)]： 1200,500

指定轴的另一个端点：1700,500

指定另一条半轴长度或[旋转(R)]：200

绘制椭圆弧的方法与绘制椭圆类似，只是要拉出椭圆弧的包含角度，在此不再赘述。

例 3.15 绘制一个椭圆弧，如图 3.23 所示。

图3.23 绘制椭圆弧

操作步骤：

命令：ellipse

指定椭圆的轴端点或[圆弧(A)/中心点(C)]：A

指定椭圆弧的轴端点或[中心点(C)]：500,500

指定轴的另一个端点：1000,300

指定起始角度或[中心点(P)]：0

指定中止角度或[参数(P)/包含角度(I)]：270

要点提示

系统变量 ellipse 决定椭圆的类型，当该变量为 0(即默认值)时，所绘制的椭圆是由 NURBS 曲线表示的真椭圆；当该变量设置为 1 时，所绘制的椭圆是由多段线近似表示的椭圆，调用 ellipse 命令后没有"弧"选项。

3.3.5 样条曲线

样条曲线是一种特殊的线段，用于绘制曲线，平滑度比圆弧更好，它是通过或接近指定点的拟合曲线。

1. 执行方式

- 命令行：在命令行中输入 spline。
- 工具栏：单击"绘图"工具栏中的按钮 ~。
- 菜单栏：选择"绘图" > "样条曲线"命令，如图 3.24 所示。

命令行提示：

指定第一个点或[对象(O)]：

指定下一点：

指定下一点或[闭合(C)/拟合公差(F)]<起点切向>：

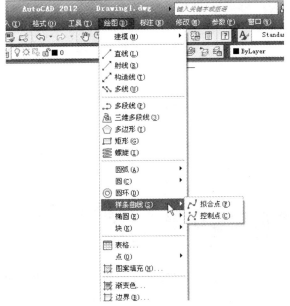

图3.24 "样条曲线"子菜单

2. 编辑样条曲线

在菜单栏中，选择"修改" > "对象" > "样条曲线"命令可以对样条曲线进行编辑。编辑样条曲线时，命令行提示如下：

输入选项：[闭合(C)/移动顶点(M)/精度(R)/反转(E)/放弃(U)/退出(X)]

各选项含义如下所述。

- 闭合：可封闭样条曲线。如果样条曲线已封闭，则此处显示"打开(O)"，选择该选项可打开封闭样条曲线。
- 移动顶点：移动样条曲线控制点，可调整样条曲线形状。
- 精度：选择该选项后，提示如下：

输入精度选项[添加控制点(A)/提高阶数(E)/权值(W)/退出(X)]<退出>

各选项含义如下所述。

- 添加控制点：可增加样条曲线控制点，但不会改变样条曲线形状。
- 提高阶数：对样条曲线升阶，可增加样条曲线控制点。选择该选项可灵活控制样条曲线形状。升阶并不改变样条曲线形状，但升阶后不能再降阶。
- 权值：用于控制样条曲线接近或远离控制点，它将修改样条曲线的形状。
- 退出：用于返回 Spline 操作。
- 反转：改变样条曲线方向，始末点交换。
- 放弃：取消 Spline 操作。
- 退出：结束 Spline 命令。

例 3.16　利用样条曲线命令绘制如图 3.25 所示的样条曲线。

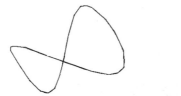

图3.25　绘制样条曲线

操作步骤：

命令：spline

指定第一个点或[方式 (M) 节点 (K) 对象 (O)]：m

输入样条曲线创建方式 [拟合 (F) /控制点 (CV)]<拟合>：f

输入下一个点或[端点相切 (T) /公差 (L) /放弃 (U) /闭合 (C)]：C

指定切向：　//按【Enter】键

3.4　矩形和多边形

基本的图形有点、线、平面图形等，而平面图形包括很多，如矩形、正多边形等，下面介绍如何绘制矩形、正多边形。

3.4.1　绘制矩形

"矩形" 命令的执行方式如下。

- 命令行：在命令行里输入 rectang。
- 工具栏：单击 "绘图" 工具栏上的 "矩形" 按钮 ▢。
- 菜单栏：选择 "绘图" > "矩形" 命令。

命令行显示如下：

指定第一个角点或[倒角 (C) /标高 (E) /圆角 (F) /厚度 (T) /宽度 (W)]：

指定另一个角点或[面积 (A) /尺寸 (D) /旋转 (R)]：

- 指定第一点：在绘图区指定矩形的第一个点。
- 指定另一个点：在绘图区指定矩形的另外一个点（相对于前一个点的对角点）。

- 倒角：设置矩形的倒角距离。
- 标高：设置矩形所在的平面高度，该选项一般用于三维绘图。
- 圆角：设置矩形的圆角半径。
- 厚度：设置矩形的厚度，此选项也可用于三维绘图。
- 宽度：设置矩形四条边的线宽。
- 面积：指定矩形的面积与长度或宽度。
- 尺寸：指定矩形的长度和宽度。
- 旋转：指定矩形的旋转角度。

例3.17　使用矩形命令绘制一个矩形，如图3.26所示。

图3.26　绘制矩形

操作步骤：

命令: rectang　//输入矩形命令

指定第一个角点 或 [倒角(C)/标高(E)/圆角(F)/厚度(T)/宽度(W)]://单击指定第一角点

指定另一个角点或 [面积(A)/尺寸(D)/旋转(R)]://单击指定第二角点

例3.18　倒角矩形、圆角矩形、有宽度的倒角矩形的样式，分别如图3.27、图3.28和图3.29所示。

  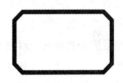

图3.27　倒角矩形　　　　　图3.28　圆角矩形　　　　图3.29　有宽度的倒角矩形

操作步骤：

命令: rectang　//输入矩形命令

指定第一个角点 或 [倒角(C)/标高(E)/圆角(F)/厚度(T)/宽度(W)]://单击指定第一角点

指定另一个角点或 [面积(A)/尺寸(D)/旋转(R)]://单击指定第二角点

命令: chamfer　//输入倒角命令

("修剪"模式) 当前倒角距离 1 = 0.0000, 距离 2 = 0.0000

选择第一条直线或 [放弃(U)/多段线(P)/距离(D)/角度(A)/修剪(T)/方式(E)/多个(M)]: d

指定第一个倒角距离 <0.0000>: 50　//输入第一个倒角距离为50

指定第二个倒角距离 <50.0000>: 50　//输入第二个倒角距离为50

选择第一条直线或 [放弃(U)/多段线(P)/距离(D)/角度(A)/修剪(T)/方式(E)/多个(M)]://单击指定第一条直线

选择第二条直线，或按住 Shift 键选择直线以应用角点或 [距离(D)/角度(A)/方法(M)]://单击指定第二条直线重复上面此操作对矩形的其他角进行倒角处理，完成倒角矩形。

命令: rectang //输入矩形命令

指定第一个角点 或 [倒角(C)/标高(E)/圆角(F)/厚度(T)/宽度(W)]: //单击指定第一角点

指定另一个角点或 [面积(A)/尺寸(D)/旋转(R)]: //单击指定第二角点

命令: fillet

当前设置: 模式 = 修剪, 半径 = 0.0000

选择第一个对象或 [放弃(U)/多段线(P)/半径(R)/修剪(T)/多个(M)]: r

指定圆角半径 <0.0000>: 50 //输入圆角半径为50

选择第一个对象或 [放弃(U)/多段线(P)/半径(R)/修剪(T)/多个(M)]: //单击指定第一个对象

选择第二个对象，或按住 Shift 键选择对象以应用角点或 [半径(R)]: //单击指定第二个对象

重复上面此操作对矩形的其他角进行圆角处理，完成圆角矩形。

命令: rectang //输入矩形命令

当前矩形模式: 宽度=300.0000

指定第一个角点或 [倒角(C)/标高(E)/圆角(F)/厚度(T)/宽度(W)]: w

指定矩形的线宽 <300.0000>: 30 //输入矩形线宽为50

指定第一个角点或 [倒角(C)/标高(E)/圆角(F)/厚度(T)/宽度(W)]: //单击指定第一角点

指定另一个角点或 [面积(A)/尺寸(D)/旋转(R)]: //单击指定第二角点

命令: chamfer

("修剪" 模式) 当前倒角距离 1 = 0.0000, 距离 2 = 0.0000

选择第一条直线或 [放弃(U)/多段线(P)/距离(D)/角度(A)/修剪(T)/方式(E)/多个(M)]: d

指定第一个倒角距离 <0.0000>: 50

指定第二个倒角距离 <50.0000>: 50

选择第一条直线或 [放弃(U)/多段线(P)/距离(D)/角度(A)/修剪(T)/方式(E)/多个(M)]:

选择第二条直线，或按住 Shift 键选择直线以应用角点或 [距离(D)/角度(A)/方法(M)]:

重复上面此操作对矩形的其他角进行倒角处理，完成有宽度的倒角矩形。

要点提示

> rectang命令具有继承性。也就是说，当绘制矩形时前一个命令设置的各项参数始终起作用，直至修改该参数或重新启动 AutoCAD。

3.4.2 绘制正多边形

正多边形是具有 2 条以上等边长的闭合二维图形，绘制正多边形的方法有内接法和外接法，其执行方式也非常简单，下面将详细介绍。

1. 执行方式

● 命令行：在命令行里输入 polygon。

● 菜单栏：选择 "绘图" > "正多边形" 命令。

● 工具栏：单击"绘图"工具栏上的"正多边形"按钮 ⬡。

2．绘制方法

（1）用内接法画正多边形

● 输入多边形的边数和中心点后，命令行提示："输入选项 [内接于圆 (I)/ 外切于圆 (C)]<I>："。

● 选择内接于圆 (I) 选项，即输入 I 并按【Enter】键。此时一个正多边形出现，一条直线从多形中心点延伸到光标所在位置作为多边形的顶角。移动光标使多边形随之改变。 AutoCAD 提示输入指定圆的半径。

● 输入数值，也可以通过在图形中指定一个点（半径值即为多边形中心点到该指定角点间的距离）确定圆的半径，一旦指定了圆的半径，AutoCAD 将绘制一个多边形并结束命令。

例 3.19　使用正多边形命令绘制一个正五边形，内接于半径为 500 的圆，如图 3.30 所示。

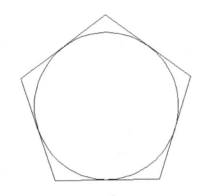

图3.30　使用内接于圆命令绘制正多边形

操作步骤：

命令：ploygon   //正多边形命令

输入边的数目<4>：5   //输入正多边形的边数

指定正多边形的中心点或[边(E)]：0，0   //指定正多边形的中心点

输入选项[内接于圆(I)/外切于圆(C)](I)：   //直接按【Enter】键表示选择的默认项 I，即内接于圆

指定圆的半径：500   //指定圆半径后按【Enter】键

要点提示

　　指定多边形的边数，系统默认为 4 条。输入边数后命令行提示："指定正多边形的中心点或 [边（E）]："，指定中心点后接着提示"输入选项 [内接于圆（I）/ 外切于圆（C）]<I>："，默认为内接于圆，最后指定圆的半径即可。

（2）用外接法画正多边形

● 输入多边形的边数和中心点后，命令行提示："输入选项 [内接于圆 (I)/ 外切于圆 (C)]<C>："。

● 选择 [外切于圆 (I)] 选项，即输入 C 并按【Enter】键。此时一个正多边形出现，一条直线从多边形中心点延伸到光标所在位置作为多边形一边的中点。移动光标使多边形随之改变。AutoCAD 提示输入指定圆的半径。

● 输入数值，也可以通过在图形中指定一个点（半径值即为多边形中心点到该多边形一条边中点的距离）确定圆的半径，一旦指定了圆的半径，AutoCAD 将绘制一个多边形并结束命令。

例 3.20　使用正多边形命令绘制一个正五边形，外切于半径为 500 的圆，如图 3.31 所示。

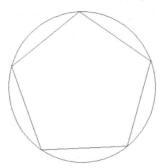

图3.31　使用外切于圆命令绘制正多边形

操作步骤：

命令：ploygon　　　　　　　　　　　　　　　　　//正多边形命令

输入边的数目<4>：5　　　　　　　　　　　　　//输入正多边形的边数

指定正多边形的中心点或[边(E)]：0，0　　　　　//指定正多边形的中心点

输入选项[内接于圆(I)/外切于圆(C)](I)：C　　　//外切于圆方式

指定圆的半径：500　　　　　　　　　　　//指定圆半径后按【Enter】键

（3）由边长确定正多边形

● 输入多边形的边数后，命令行提示如下：

指定正多边形的中心点或[边(E)]：

● 输入 E 并按【Enter】键，然后依次输入多边形的一条边的两个端点，AutoCAD 将绘制一个多边形并结束命令。

3.5　综合案例——绘制组合音响

学习目的 🔍

通过绘制"组合音响"的"音响柜"、"电视"和"音响"三部分，熟悉"矩形"、"圆"和"镜像"等命令。

重点难点 🔍

◎ 绘制矩形、圆的方法

◎ 镜像命令的使用

◎ 圆角命令的使用

本实例绘制的"组合音响"是由"音响柜"、"电视"和"音响"三部分组成，其最终效果图如图 3.32 所示。

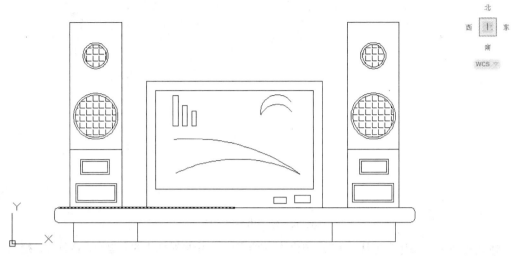

图3.32 组合音响

操作步骤

1. 设置绘图边界

Step 01 在命令行输入"limits"命令。

Step 02 输入左下角点坐标为（0，0），右上角点坐标为（600，600），绘制后如图 3.33 所示。

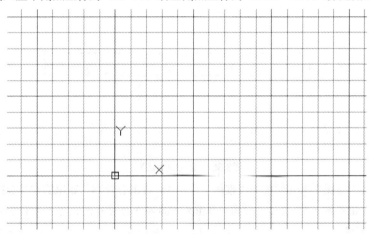

图3.33 图形界限

2. 设置绘图区域

Step 01 在命令行输入"zoom"命令。

Step 02 输入 A 并按【Enter】键。

3. 绘制音响的底座

Step 01 单击"绘图"工具栏中的"直线"按钮 ，在图面上的适当位置绘制中央对称线，为以后绘制图形做准备，结果如图 3.34 所示。此过程很重要，绘制图形的最后步骤就是沿着中央对称线对称得出效果图的。

图3.34　绘制中央对称线

Step 02 单击"绘图"工具栏上的"矩形"按钮▱，在中央对称线的左边的合适位置，绘制一个"1945mm×157mm"的矩形。

Step 03 单击"修改"工具栏上的"圆角"按钮◰，将矩形修改为50mm的圆角矩形。

绘制后如图3.35所示。

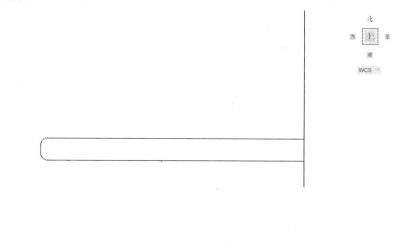

图3.35　绘制圆角矩形

Step 04 单击"绘图"工具栏中的"直线"按钮╱，将组合音响的底座的左半边绘制完整。

命令：line 指定第一点：175　//捕捉矩形右下角与中央对称线的交点向下追踪，输入距离为175，按【Enter】键

　　指定下一点或 [放弃(U)]：@-1735,0　//输入点坐标为@-1735,0，按【Enter】键

　　指定下一点或 [放弃(U)]：@0,175　　//输入点坐标为@0,175，按【Enter】键

　　指定下一点或 [闭合(C)/放弃(U)]：　//按【Enter】键结束

命令：line 指定第一点：1048　//捕捉矩形右下角与中央对称线的交点向左追踪，输入距离为1048，按【Enter】键

　　指定下一点或 [放弃(U)]：@0,-203　//输入点坐标为@0,-203，按【Enter】键

　　指定下一点或 [闭合(C)/放弃(U)]：　//按【Enter】键结束

绘制后如图3.36所示。

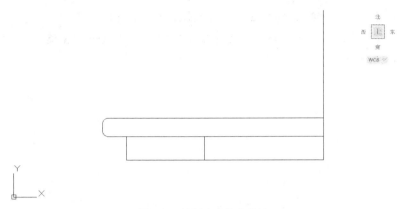

图3.36 绘制底座的左半边

Step 05 单击"修改"工具栏中的"镜像"按钮 ，将组合音响的底座绘制完整。

命令: mirror //单击修改功能区的"镜像"按钮

选择对象: 找到 1 个 //单击选择对象

选择对象: 找到 1 个，总计 2 个

选择对象: 找到 1 个，总计 3 个

选择对象: 找到 1 个，总计 4 个

选择对象: //按【Enter】键结束选择对象

指定镜像线的第一点: 指定镜像线的第二点: //单击指定镜像线的第一点，再单击指定第二点

要删除源对象吗？[是(Y)/否(N)] <N>: n //输入n，按【Enter】键

绘制后如图 3.37 所示。

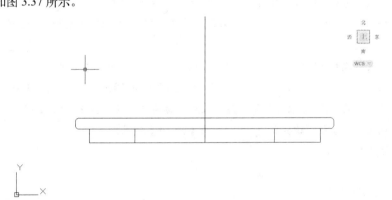

图3.37 进行镜像操作

4. 绘制"组合音响"的左轮廓

Step 01 单击"绘图"工具栏上的"矩形"按钮 ，在中央对称线的左边的合适位置，绘制一个"560mm×1930mm"的矩形，作为音响的外轮廓。

命令: rectang

指定第一个角点或 [倒角(C)/标高(E)/圆角(F)/厚度(T)/宽度(W)]: from 基点: <偏移>:

@-1220,0 //单击绘图工具栏"矩形"按钮，右击绘图区域，选择"捕捉替代"命令，再选择"自"命令，捕捉矩形右上角和中央对称线的交点并单击为基点，输入偏移量为@-1220,0

指定另一个角点或 [面积(A)/尺寸(D)/旋转(R)]: d //输入d，按【Enter】键

指定矩形的长度 <10.0000>: 560   //输入矩形长度560, 按【Enter】键

指定矩形的宽度 <10.0000>: 1930   //输入矩形宽度1930, 按【Enter】键

绘制后如图 3.38 所示。

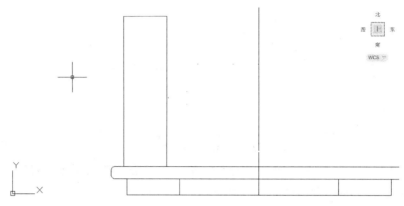

图3.38   绘制音响外轮廓

Step 02 单击"绘图"工具栏中的"直线"按钮 ✎, 在中央对称线的左边的合适位置绘制电视的外轮廓和内轮廓。

命令: line 指定第一点: 945 //捕捉矩形右上角与中央对称线的交点向左追踪, 输入距离为945, 按【Enter】键

指定下一点或 [放弃(U)]: @0,1315   //输入点坐标为@0,1315, 按【Enter】键

指定下一点或 [放弃(U)]: @945,0   //输入点坐标为@945,0, 按【Enter】键

指定下一点或 [闭合(C)/放弃(U)]:   //按【Enter】键结束

命令: line 指定第一点: 945 //捕捉矩形右上角与中央对称线的交点向上追踪, 输入距离为288, 按【Enter】键

指定下一点或 [放弃(U)]: @-850,0   //输入点坐标为@-850,0, 按【Enter】键

指定下一点或 [放弃(U)]: @0,1027   //输入点坐标为@0,1027, 按【Enter】键

指定下一点或 [放弃(U)]: @850,0   //输入点坐标为@850,0, 按【Enter】键

指定下一点或 [闭合(C)/放弃(U)]:   //按【Enter】键结束

绘制后如图 3.39 所示。

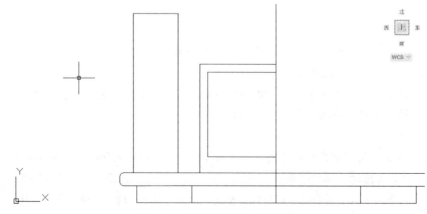

图3.39   绘制电视机外、内轮廓

5. 绘制"组合音响"

Step 01 单击"绘图"工具栏中的"直线"按钮 ，在音响中绘制一条直线，作为下面操作的辅助线。

命令：line 指定第一点： 602 //捕捉矩形左下角与水平矩形的交点向上追踪，输入距离为602，按【Enter】键

指定下一点或 [放弃(U)]：@560,0 //输入点坐标为@560,0，按【Enter】键

指定下一点或 [闭合(C)/放弃(U)]： //按【Enter】键结束

绘制后如图 3.40 所示。

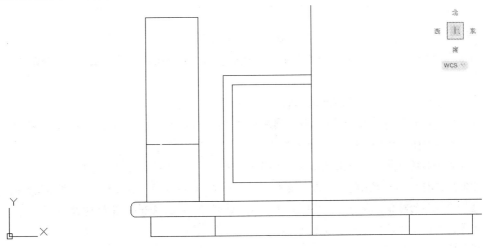

图3.40 绘制辅助线

Step 02 单击"绘图"工具栏上的"矩形"按钮 ，绘制"405mm×157mm"和"268.5mm×114.5mm"的矩形，作为音响的一部分。

指定第一个角点或 [倒角(C)/标高(E)/圆角(F)/厚度(T)/宽度(W)]：from 基点：<偏移>：@61.5,53 //单击绘图工具栏"矩形"按钮，右击绘图区域，选择"捕捉替代"命令，再选择"自"命令，捕捉矩形左下角和水平矩形的交点并单击为基点，输入偏移量为@61.5,53

指定另一个角点或 [面积(A)/尺寸(D)/旋转(R)]：d //输入d，按【Enter】键

指定矩形的长度 <10.0000>：405 //输入矩形长度405，按【Enter】键

指定矩形的宽度 <10.0000>：157 //输入矩形宽度157，按【Enter】键

指定另一个角点或 [面积(A)/尺寸(D)/旋转(R)]： //单击确定放置位置

指定第一个角点或 [倒角(C)/标高(E)/圆角(F)/厚度(T)/宽度(W)]：from 基点：<偏移>：@118.5,346.5 //单击绘图工具栏"矩形"按钮，右击绘图区域，选择"捕捉替代"命令，再选择"自"命令，捕捉矩形左下角和水平矩形的交点并单击为基点，输入偏移量为@118.5,346.5。

指定另一个角点或 [面积(A)/尺寸(D)/旋转(R)]：d //输入d，按【Enter】键

指定矩形的长度 <10.0000>：268.5 //输入矩形长度268.5，按【Enter】键

指定矩形的宽度 <10.0000>：114.5 //输入矩形宽度114.5，按【Enter】键

指定另一个角点或 [面积(A)/尺寸(D)/旋转(R)]： //单击确定放置位置

绘制后如图 3.41 所示。

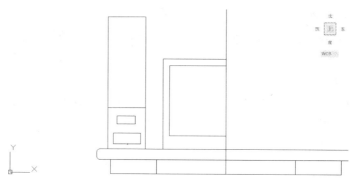

图3.41 绘制矩形

Step 03 单击"修改"工具栏中的"偏移"按钮，将刚绘制的矩形向外偏移，偏移距离为40。

命令：offset

当前设置：删除源=否 图层=源 OFFSETGAPTYPE=0

指定偏移距离或 [通过(T)/删除(E)/图层(L)] <10.0000>: 40 //单击修改功能区的"偏移"
按钮，输入偏移距离为40，按【Enter】键

选择要偏移的对象，或 [退出(E)/放弃(U)] <退出>: //选择偏移对象为矩形

指定要偏移的那一侧上的点，或 [退出(E)/多个(M)/放弃(U)] <退出>: //单击其偏移侧一点

选择要偏移的对象，或 [退出(E)/放弃(U)] <退出>: //按【Enter】键退出

重复上面此动作，对另一矩形进行偏移。

绘制后如图 3.42 所示。

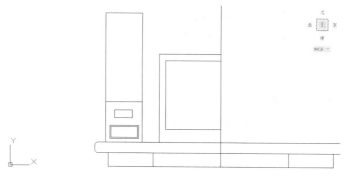

图3.42 偏移操作

Step 04 单击"绘图"工具栏上的"圆"按钮，绘制音响上的圆。

命令：circle 指定圆的圆心或 [三点(3P)/两点(2P)/切点、切点、半径(T)]: from 基点：
<偏移>: @280,950 //单击绘图工具栏"矩形"按钮，右击绘图区域，选择"捕捉替代"命令，
再选择"自"命令，捕捉矩形左下角和水平矩形的交点并单击为基点，输入偏移量为@280,950

指定圆的半径或 [直径(D)] <216.5995>: d //输入d，按【Enter】键

指定圆的直径 <433.1990>: 440 //输入圆直径为440

命令： circle 指定圆的圆心或 [三点(3P)/两点(2P)/切点、切点、半径(T)]: from 基
点: <偏移>: @280,1580 //单击绘图工具栏"矩形"按钮，右击绘图区域，选择"捕捉替
代"命令，再选择"自"命令，捕捉矩形左下角和水平矩形的交点并单击为基点，输入偏移量为
@280,1580

指定圆的半径或［直径(D)］<216.5995>: d　　//输入d，按【Enter】键

指定圆的直径 <433.1990>: 190　　//输入圆直径为190

绘制后如图 3.43 所示。

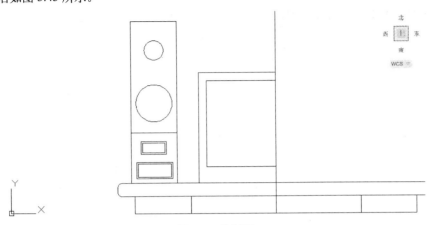

图3.43　绘制圆

Step 05 单击"修改"工具栏中的"偏移"按钮，对圆进行偏移，偏移距离为40。

命令: offset

当前设置: 删除源=否　图层=源　OFFSETGAPTYPE=0

指定偏移距离或［通过(T)/删除(E)/图层(L)］<10.0000>: 40　//单击修改功能区的"偏移"

按钮，输入偏移距离为40，按【Enter】键

选择要偏移的对象，或［退出(E)/放弃(U)］<退出>:　　//选择偏移对象为圆

指定要偏移的那一侧上的点，或［退出(E)/多个(M)/放弃(U)］<退出>:　//单击其偏移侧一点

选择要偏移的对象，或［退出(E)/放弃(U)］<退出>:　　//按【Enter】键退出

重复上述动作，对另一圆进行偏移。

绘制后如图 3.44 所示。

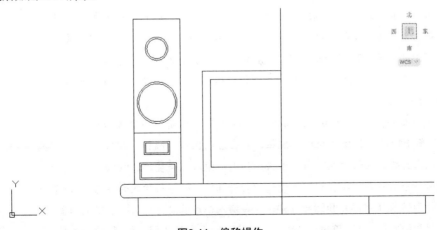

图3.44　偏移操作

Step 06 单击"修改"工具栏中的"镜像"按钮，绘制右边的音响。

命令: mirror　　//单击修改功能区"镜像"按钮

选择对象: 找到 1 个

选择对象: 指定对角点: 找到 15 个, 总计 15 个

选择对象: //按【Enter】键, 结束选择对象

指定镜像线的第一点: 指定镜像线的第二点: //单击指定镜像线第一点, 再单击指定第二点

要删除源对象吗? [是(Y)/否(N)] <N>: n   //输入n, 按【Enter】键

绘制后如图 3.45 所示。

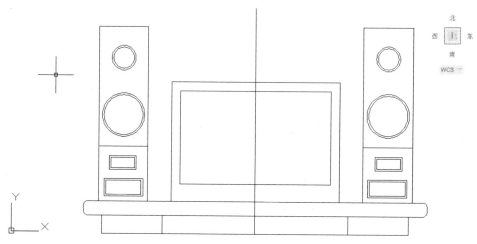

图3.45　镜像操作

6. 修饰"电视"部分

Step 01 单击"绘图"工具栏上的"矩形"按钮 ⬜ , 绘制"170mm×75mm"和"130mm×65mm"的矩形, 作为电视机的一部分。

命令: rectang

指定第一个角点或 [倒角(C)/标高(E)/圆角(F)/厚度(T)/宽度(W)]: from 基点: <偏移>: @-132,50   //单击绘图工具栏"矩形"按钮, 右击绘图区域, 选择"捕捉替代"命令, 再选择"自"命令, 捕捉电视右下角和水平矩形的交点并单击为基点, 输入偏移量为@-132,50

指定另一个角点或 [面积(A)/尺寸(D)/旋转(R)]: d   //输入d, 按【Enter】键

指定矩形的长度 <170.0000>: 170   //输入矩形长度为170, 按【Enter】键

指定矩形的宽度 <75.0000>: 75   //输入矩形宽度为75, 按【Enter】键

指定另一个角点或 [面积(A)/尺寸(D)/旋转(R)]:   //按【Enter】键结束

命令: rectang

指定第一个角点或 [倒角(C)/标高(E)/圆角(F)/厚度(T)/宽度(W)]: from 基点: <偏移>: @-90,0 //单击绘图工具栏"矩形"按钮, 右击绘图区域, 选择"捕捉替代"命令, 再选择"自"命令, 捕捉上面绘制矩形的左下角并单击为基点, 输入偏移量为@-90,0

指定另一个角点或 [面积(A)/尺寸(D)/旋转(R)]: d   //输入d, 按【Enter】键

指定矩形的长度 <170.0000>: 130   //输入矩形长度为130, 按【Enter】键

指定矩形的宽度 <75.0000>: 65   //输入矩形宽度为65, 按【Enter】键

指定另一个角点或 [面积(A)/尺寸(D)/旋转(R)]:   //按【Enter】键结束

绘制后如图 3.46 所示。

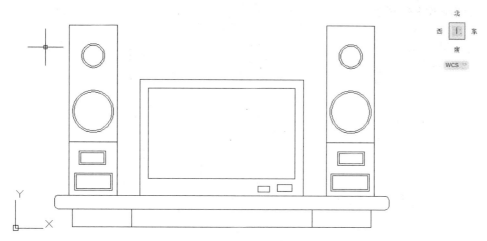

图3.46 绘制矩形

Step 02 利用"绘图"工具栏上的"矩形"按钮 □，绘制"60mm×300mm"、"50mm×200mm"和"45mm×155mm"的矩形，作为电视机屏幕的一部分。

命令: rectang

指定第一个角点或 [倒角(C)/标高(E)/圆角(F)/厚度(T)/宽度(W)]: from 基点: <偏移>: @180,-465 //单击绘图工具栏"矩形"按钮，右击绘图区域，选择"捕捉替代"命令，再选择"自"命令，捕捉电视左上角并单击为基点，输入偏移量为@180,-465

指定另一个角点或 [面积(A)/尺寸(D)/旋转(R)]: d //输入d，按【Enter】键

指定矩形的长度 <130.0000>: 60 //输入矩形长度为60，按【Enter】键

指定矩形的宽度 <65.0000>: 300 //输入矩形宽度为300，按【Enter】键

指定另一个角点或 [面积(A)/尺寸(D)/旋转(R)]: //按【Enter】键结束

命令: rectang

指定第一个角点或 [倒角(C)/标高(E)/圆角(F)/厚度(T)/宽度(W)]: from 基点: <偏移>: @50,0 //单击绘图工具栏"矩形"按钮，右击绘图区域，选择"捕捉替代"命令，再选择"自"命令，捕捉上面绘制矩形的右下角并单击为基点，输入偏移量为@50,0

指定另一个角点或 [面积(A)/尺寸(D)/旋转(R)]: d //输入d，按【Enter】键

指定矩形的长度 <60.0000>: 50 //输入矩形长度为50，按【Enter】键

指定矩形的宽度 <300.0000>: 200 //输入矩形宽度为200，按【Enter】键

指定另一个角点或 [面积(A)/尺寸(D)/旋转(R)]: //按【Enter】键结束

命令: rectang

指定第一个角点或 [倒角(C)/标高(E)/圆角(F)/厚度(T)/宽度(W)]: from 基点: <偏移>: @50,0 //单击绘图工具栏"矩形"按钮，右击绘图区域，选择"捕捉替代"命令，再选择"自"命令，捕捉上面绘制矩形的右下角并单击为基点，输入偏移量为@50,0

指定另一个角点或 [面积(A)/尺寸(D)/旋转(R)]: d //输入d，按【Enter】键

指定矩形的长度 <50.0000>: 45 //输入矩形长度为45，按【Enter】键

指定矩形的宽度 <200.0000>: 155 //输入矩形宽度为155，按【Enter】键

指定另一个角点或 [面积(A)/尺寸(D)/旋转(R)]: //按【Enter】键结束

绘制后如图 3.47 所示。

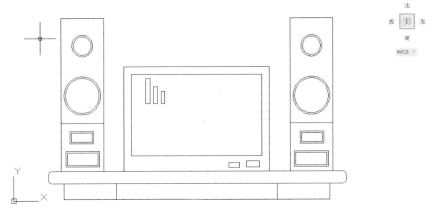

图3.47　绘制矩形

Step **03**　单击"绘图"工具栏上的"圆弧"按钮　，在电视机上绘制圆弧，丰富电视机的效果。

命令: arc 指定圆弧的起点或 [圆心(C)]: 　　　　//单击绘图工具栏"圆弧"按钮，在合适位

置单击指定圆弧起点

指定圆弧的第二个点或 [圆心(C)/端点(E)]: 　　//在合适位置单击指定圆弧第二点

指定圆弧的端点: 　　　　　　　　　　　　//在合适位置单击指定圆弧第三点

命令:

arc 指定圆弧的起点或 [圆心(C)]: *取消*

命令:

命令: arc 指定圆弧的起点或 [圆心(C)]: 　　　　//单击绘图工具栏"圆弧"按钮，在合适位

置单击指定圆弧起点

指定圆弧的第二个点或 [圆心(C)/端点(E)]: 　　//在合适位置单击指定圆弧第二点

指定圆弧的端点: 　　　　　　　　　　　　//在合适位置单击指定圆弧第三点

重复上面动作，画另一对圆弧。

绘制后如图 3.48 所示。

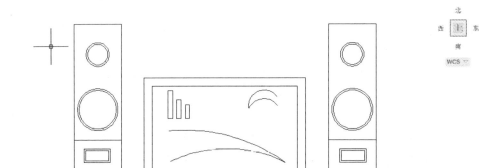

图3.48　绘制圆弧

7. 修饰"组合音响"部分

Step 01 选择"绘图">"图案填充"命令,弹出如图 3.49 所示的"图案填充和渐变色"对话框。

图3.49 "图案填充和渐变色"对话框

Step 02 选择"图案填充"选项卡,单击对话框右下角"更多选项"按钮。在"孤岛"区域选择"孤岛显示样式"为"普通",如图 3.50 所示。

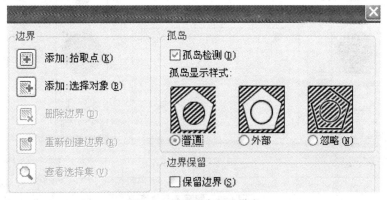

图3.50 设置孤岛显示样式

Step 03 在"类型和图案"区域单击"样例",弹出"填充图案选项板"对话框,选择"solid"样例,如图 3.51 所示,然后单击"确定"按钮。

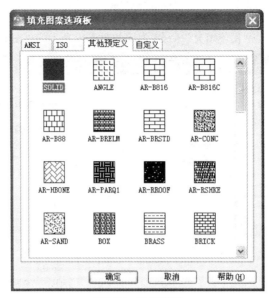

图3.51　设置样例

Step 04 在"边界"区域，单击"添加：拾取点"按钮，如图 3-52 所示。

图3.52　单击"添加：拾取点"按钮

Step 05 单击要填充区域，按【Enter】键，返回"图案填充和渐变色"对话框，单击"确定"按钮。填充后如图 3.53 所示。

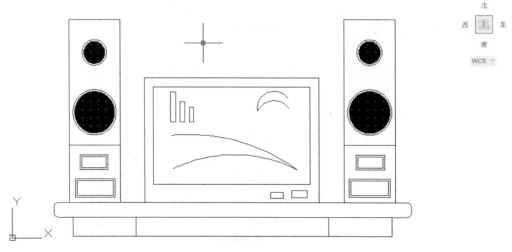

图3.53　图案填充效果

Step 06 双击填充区域，弹出"图案填充"选项卡，在"比例"选项中更改图案填充比例，使填充效果达到满意效果。调整后如图 3.54 所示。

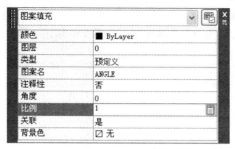

图3.54 "图案填充"选项卡

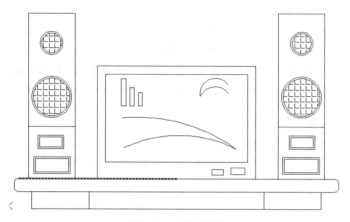

图3.55 调整后效果

3.6 习题

一、填空题

1. 用户可以通过 _____、_____、_____ 方法放置点。

2. "多线"是由多条直线构成的一组 _____ 的直线。这些直线可以具有不同的 _____ 和 _____。

3. 绘制圆和圆弧的快捷键是 _____。

二、选择题

1. 多段线命令 pline 所画的有宽度的线段,在利用分解 explode 命令将其打碎以后,线型宽度为( )。

A. 不变   B. "格式 / 线宽"中设置的线宽

C. 细实线   D. 多段线中设置的线宽消失

2. 对于同一平面上的两条不平行且无交点的线段,可以通过( )命令操作来延长原线段使之相交于一点。

A. Offset   B. Chamfer   C. Stretch   D. Extend

3. pline 绘多段线中不包括的属性为( )。

A. 线宽   B. 圆弧   C. 线型   D. 直线

三、上机操作题

1. 绘制多段线，利用多段线命令绘制图形，如图 3.56 所示。

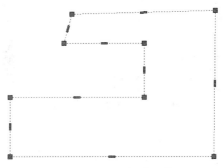

图3.56 不规则形多段线

2. 绘制燃气灶，用"矩形"、"圆"、"直线"和"复制"命令绘制燃气灶的平面图，如图 3.57 所示。

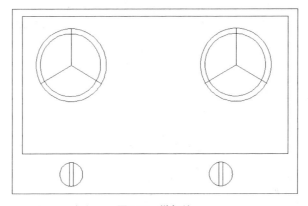

图3.57 燃气灶

第4章 二维图形对象

本章主要介绍选择对象的方法、图形对象的复制、偏移、镜像及阵列、对象的偏移、旋转与缩放、对象的圆角和倒角。用户在绘图时，可以使用 AutoCAD 所提供的绘图工具创建一些基本图形，在对图形进行编辑时必须先选择对象，然后才能进行编辑。当选中对象时，在其中部或两端将显示若干小方框（即夹点），利用它们可以对图形进行简单编辑。

→ 学习目标

- 了解选择对象的方法
- 掌握对象的复制、偏移、镜像及阵列
- 掌握对象的偏移、旋转与缩放、对象的圆角、倒角

4.1 选择对象

用户在对图形进行编辑之前，必须先选择要编辑的对象。AutoCAD 系统用虚线显示所选择的对象，这些对象就构成了选择集，它可以包括单个对象，也可包括复杂的对象编组。

4.1.1 选择对象的方法

AutoCAD 2012 提供了很多选择对象的方法。用户可以通过单击对象逐个选取，也可以用矩形窗口或交叉窗口选择，还可以选择最近创建对象、前面的选择集或图形中的所有对象，也可以向选择集中添加对象或从中删除对象。

1．标准选择模式

当用户选择对象时，在命令行输入"select"，然后按【Enter】键。

命令行提示"选择对象："，在提示下输入再按【Enter】键即可。

将会出现如下提示：

需要点或窗口 (W) / 上一个 (L) / 窗交 (C) / 框 (BOX) / 全部 (ALL) / 栏选 (F) / 圈围 (WP) / 圈交 (CP) / 编组 (G) / 添加 (A) / 删除 (R) / 多个 (M) / 前一个 (P) / 放弃 (U) / 自动 (AU) / 单个 (SI) / 子对象 (SU) / 对象 (O)

2. 选择集的修改

修改选择集的方法有 4 种，分别是放弃 (Undo)、删除 (Remove)、添加 (Add) 和取消选择过程。

● 放弃 (Undo)：撤销最后添加进选择集中的对象。如果重复撤销，将在选择集中逐次后退。

● 删除 (Remove)：允许用户从选择集中删除某对象。用户可从选择集中删除以任何对象选择方法选择的对象。

● 添加 (Add)：向选择集中添加对象。Add 选项经常用在 Remove 选项之后。添加使提示行变为 "选择对象 :"，然后向选择集中添加对象。

● 取消选择过程：随时按下 Esc 键可取消选择过程，并从选择集中删除选择对象，提示行返回 "命令 :"。

4.1.2 设置选择模式

AutoCAD 2012 允许用户设置不同的对象选择模式。前面介绍了基本的对象选择模式，熟练的用户可使用更多的选择模式。此外，也可设置选择选项。选择工具栏中 "工具" > "选项" 命令，弹出 "选项" 对话框，如图 4.1 所示。打开 "选择集" 选项卡即可对相关内容进行设置。在 "拾取框大小" 选项中，拖动滑块可设置选择对象时拾取框的大小。在 "夹点大小" 选项中，拖动滑块可设置选择对象时夹点的大小。在 "夹点" 选项组中可设置未选中夹点的颜色、选中夹点的颜色及悬停夹点的颜色等，用户可根据需要依据对话框界面提示进行设置。

图4.1　"选项" 对话框

4.2 编辑对象

在 AutoCAD 中，有些图形是非常复杂的，需要对那些简单的二维图形整体进行如删除、复制、镜像、偏移等编辑，完成最后需要的图形。

4.2.1 删除对象

当图形中某一对象不需要时，要对其进行删除。启用删除命令的执行方式如下。

- 命令行：在命令行输入 erase。
- 菜单栏：选择"修改" > "删除"命令。
- 工具栏：单击"修改"工具栏中的"删除"按钮 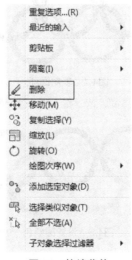。

执行完上述各种命令后，命令行提示信息如下："选择对象："，此时屏幕上的十字光标会变成一个拾取框，然后选择要删除的对象，按【Enter】键结束。

- 快捷菜单：在绘图区中选择要删除的图形对象，单击鼠标右键，系统将会弹出如图 4.2 所示的快捷菜单，然后选择"删除"命令。

重复选项...(R)	
最近的输入	▶
剪贴板	▶
隔离(I)	▶
✎ 删除	
✣ 移动(M)	
°℃ 复制选择(Y)	
▤ 缩放(L)	
↻ 旋转(O)	
绘图次序(W)	▶
°℃ 添加选定对象(D)	
☐ 选择类似对象(T)	
✕ 全部不选(A)	
子对象选择过滤器	▶

图4.2 快捷菜单

- 快捷键：在绘图区选择要删除的图形对象，然后按【Delete】键。

4.2.2 复制对象

在绘制图形的过程中，"复制"命令可以用来复制粘贴图形中的对象，所复制的对象只能在该图形中应用。启用复制命令的执行方式如下。

- 命令行：在命令行中输入 copy。
- 工具栏：单击"修改"工具栏中的"复制"按钮 ℃。
- 菜单栏：选择"修改" > "复制"命令。

执行完上述各种命令后，命令行会提示信息如下："选择对象："，用户选择要复制的对象，系统继续提示："指定基点或 [位移 (D)/ 模式（O）] < 位移 >:"，用户指定复制对象的基准点或者通过指定位移点进行复制。系统继续提示："指定第二个点或 < 使用第一个点作为位移 >:"，指定第二点后，系统提示"指定第二点或 [退出（E）/ 放弃（U）] < 退出 >:"，在该提示下连续指定新点，实现多重复制。

例 4.1　用"复制"命令复制五环图。

操作步骤：

① 应用"圆环"命令绘制一圆环，如图 4.3 所示。

图4.3　绘制圆环

② 使用以上任一种方法调用"复制"命令。选择要进行复制的对象，并按【Enter】键。直到复制成五个相连圆环为止，如图 4.4 所示。

图4.4　复制圆环

③ 对每个圆环分别设置相应的红、黄、蓝、绿、黑五种颜色，可得到五环图，如图 4.5 所示。

图4.5　设置圆颜色

4.2.3) 阵列对象

1. 阵列的定义

陈列功能可以按矩形或环形图案复制对象，创建一个阵列。

启用"阵列"命令的执行方式如下。

● 命令行：在命令行输入 array。

● 菜单栏：选择"修改" > "阵列"命令。

● 工具栏：单击工具栏中的"阵列"按钮。

执行完上述各种命令后，系统将会弹出"阵列"对话框，如图 4.6 所示。在"阵列"对话框中包含了"矩形阵列"和"环形阵列"两个单选按钮。

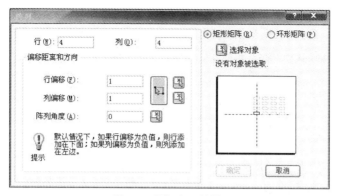

图4.6 "阵列"对话框

2．矩形阵列

"矩形阵列"在绘图过程中可以用来创建选定对象副本的行和列阵列。如图4.6中"矩形阵列"控制面板中各项具体解释如下。

- "行"文本框：设置阵列的行数。
- "列"文本框：设置阵列的列数。
- "偏移距离和方向"选项区：输入行间距、列间距以及相对UCS坐标系X轴的旋转角度。
- "选择对象"按钮：回到绘图区域拾取阵列复制的对象。
- "预览窗口"：显示当前的阵列模式、行间距、列间距及阵列角度。
- "预览"按钮：单击此按钮，切换到绘图窗口，预览阵列的效果。

3．环形阵列

在图4.6"阵列"对话窗口中单击"环形阵列"单选按钮，将出现如图4.7所示的对话框。

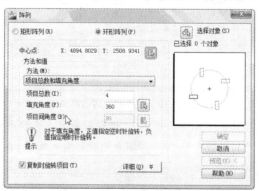

图4.7 "环形阵列"单选按钮

"环形阵列"是指通过围绕指定的圆心复制选定对象来创建阵列，图4.7中有关选项具体解释如下。

- "中心点"：用于输入环形阵列中心点的坐标，或单击"拾取中心点"按钮在绘图区中拾取中心点。
- "方法和值"：确定环形阵列的具体方法和相应数值。
- "方法"：指定对象所用的方法。包括项目总数、填充角度和项目间角度等三种方法。
- "项目总数"：设置在环形阵列中显示的对象数目，系统默认为4。
- "填充角度"：通过定义阵列中第一个和最后一个元素的基点之间的包含角度来设置阵列大小。正值指定逆时针旋转，负值指定顺时针旋转。默认值为360，不允许值为0。

● "项目间角度"：设置阵列对象的基点和阵列中心之间的包含角。输入一个正值，默认方向值为 90。

例 4.2 使用"环形阵列"命令将图 4.8 中图形阵列为图 4.9 中的图形。

图4.8 叶片1

图4.9 叶片2

操作步骤：

① 在命令行输入 array，按【Enter】键，弹出"阵列"对话框，单击"环形阵列"单选按钮，中心点以叶片体部，如图 4.10 所示。

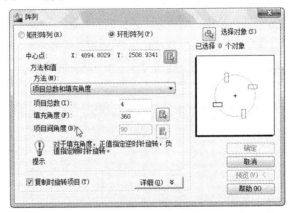

图4.10 "阵列"对话框

② 单击"选择对象"按钮，命令行提示："选择对象："，选取图 4.8 所示图形，按【Enter】键或单击鼠标右键确定，"项目总数"为"8"，"填充角度"为"360"，如图 4.11 所示。

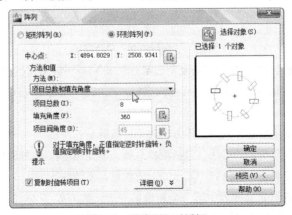

图4.11 "阵列"对话框

③ 单击"预览"按钮查看阵列效果。拾取或按【Esc】键返回到对话框，单击"确定"按钮确定阵列操作，或单击鼠标右键接受阵列，结果如图 4.9 所示。

知识要点

对于默认设置下的填充角度而言，正值表示将沿逆时针方向环形阵列对象，负值表示将沿顺时针方向环形阵列对象。

4.2.4 偏移对象

使用"偏移"命令可用于创建造型与选定对象造型平行的新对象。有两种"偏移"的方法来创建新的对象：

● 按指定的距离进行偏移；

● 通过指定点来进行偏移。

偏移命令使用的对象有直线、圆弧、圆、二维对线段、构造线（参照线）和射线等。

启动偏移命令的执行方式如下。

● 命令行：在命令行输入 offset。

● 工具栏：单击"修改"工具栏中的"偏移"按钮。

● 菜单栏：选择"修改" > "偏移"命令。

例 4.3 使用偏移命令绘制图形。

操作步骤：

① 命令 :offset

指定偏移距离或 [通过(T) /删除(E) /图层(L)] <100.0000>:100

选择要偏移的对象，或 [退出(E) /放弃(U)] <退出> //选择要偏移的对象绘制后如图 4.12所示。

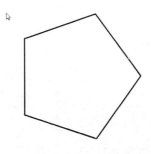

图4.12 偏移对象

② 命令行提示：

指定要偏移的那一侧上的点，或 [退出(E) /多个(M) /放弃(U)] <退出>: //指定要偏移的方向或位置

选择要偏移的对象，或 [退出(E) /放弃(U)] <退出>:

绘制后如图 4.13 所示。

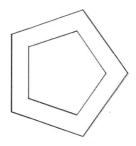

图4.13　偏移结果

知识要点

　　对圆弧进行偏移复制后，新圆弧与旧圆弧有同样的包含角，但新圆弧的长度发生了改变。当对圆或椭圆进行偏移复制后，新圆半径和新椭圆轴长要发生变化，圆心不会改变。

4.2.5 镜像对象

　　在实际绘图过程中，通常会碰到对称性的图形，AutoCAD 提供了"镜像"命令，用户只需要绘制出对称性图形的一半，利用"镜像"命令就能复制出对称图形的另一半。因此，使用"镜像"命令可关于镜像轴创建对象的镜像图像的副本。

　　执行方式如下。

● 命令行：在命令行输入 mirror。

● 工具栏：单击"修改"工具栏中的"镜像"按钮。

● 菜单栏：选择"修改">"镜像"。

例 4.4　镜像对象。

操作步骤：

① 命令 :mirror。

选择对象: //选择图形

绘制后如图 4.14 所示。

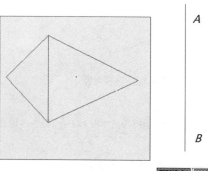

图4.14　镜像对象

② 命令行提示:

选择对象: //按【Enter】键

指定镜像线的第一点: //拾取点A

指定镜像线的第一点: 指定镜像线的第二点: //拾取点B

命令行如图4.15所示。

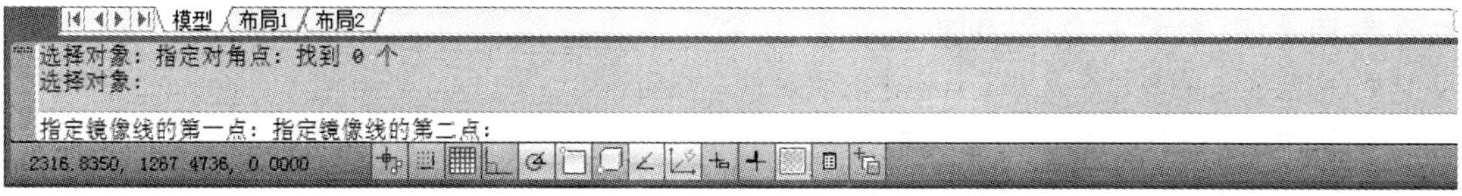

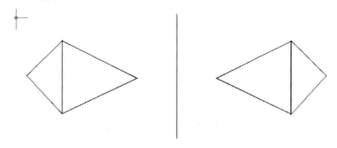

图4.15　"镜像"命令行

③ 要删除源对象吗? [是(Y)/否(N)]<N>://不删除源对象,按【Enter】键确定

镜像结果如图4.16所示。

图4.16　镜像结果

4.2.6　移动对象

在绘制图形过程中,有时希望调整图形的位置,这就需要使用"移动"命令。"移动"命令是指在指定的方向按照指定的距离移动对象。

启动"移动"命令的执行方式如下。

● 命令行:在命令行输入move。

● 工具栏:单击"修改"工具栏中的"移动"按钮。

● 菜单栏:选择"修改">"移动"命令。

● 快捷菜单:在绘图区选择要移动的对象,单击鼠标右键,弹出一个快捷菜单,选择"移动"命令即可,如图4.17所示。

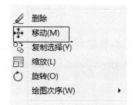

图4.17　快捷菜单

"移动"命令的操作和"复制"命令相似,这里不再赘述。两者的区别在于:移动是将一个或多个对象从某一位置根据指定的方向移动到合适的位置,不保留源对象。

4.2.7 旋转对象

在绘制图形时，有些图形是相同的，只是位置进行了角度的调换，这时就需要对图形进行旋转。"旋转"命令可以使图形绕指定的基点按照某个角度进行旋转。

启动"旋转"命令的执行方式如下。

● 命令行：在命令行输入 rotate。

● 工具栏：单击"修改"工具栏中的"旋转"按钮○。

● 菜单栏：选择"修改">"旋转"命令。

例 4.5　使用"旋转"命令编辑三相器。

操作步骤：

命令：rotate

选择对象：//选择图形

选择对象：//按【Enter】键，　如图 4.18 所示

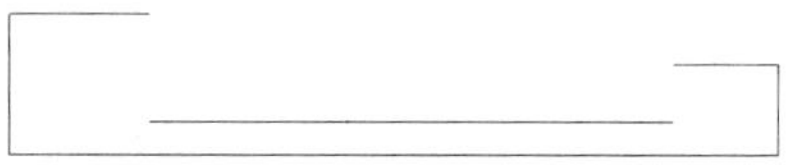

图4.18　旋转对象

指定基点：//确定基点

指定旋转角度，或 [复制 (C) /参照 (R)] <位移>：180　//按【Enter】键，结果如图 4.19 所示

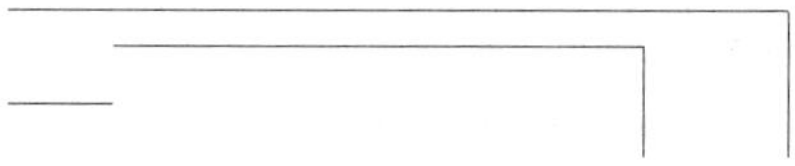

图4.19　旋转结果

知识要点

旋转时的正方向和零角度方向，可以使用系统变量 Angdir 和 Angbase 设置，也可以选择"格式 > 单位"命令，打开"图形单位"对话框进行设置。

技巧

默认情况下，用户可直接输入要旋转的角度值，也可采用拖动方式确定相对旋转角。

4.2.8 对齐对象

对齐命令是指通过移动、旋转或缩放 3 个操作来使一个对象与另一个对象对齐，可以只进行一个或两个操作，也可以三个操作都进行。

4.3 修改对象的形状和大小

AutoCAD 中的图形是由基本的二维图形进行多元组合而成的，而有些图形对象在进行组合时可能达不到最佳效果，这就需要对这些组合图形对象进行修改，如修剪、缩放等一系列编辑操作。

4.3.1 修剪对象

“修剪”命令可以某一对象为剪切边（边界）修剪其他对象。作为边界的对象与要修剪的对象可以相交，也可以不相交。不相交时将修剪到延伸交点。修剪的对象可以是任意的平面线条。

启动“修剪”命令的执行方式如下。

- 命令行：在命令行输入 trim。
- 工具栏：单击“修改”工具栏中的“修剪”按钮。
- 菜单栏：选择“修改”>“修剪”命令。

例 4.6 使用“修剪”命令编辑图形。

操作步骤：

命令: trim

选择修剪边 选择对象或<全部选择>: //选择直线，如图4.20所示

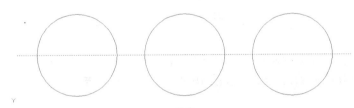

图4.20 修剪对象

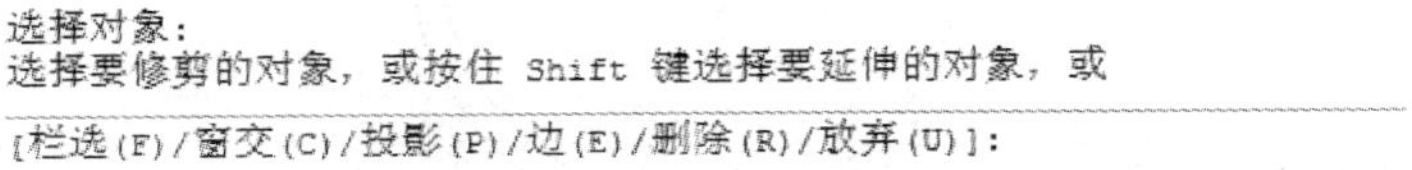

选择对象:

选择要修剪的对象，或按住Shift键选择要延伸的对象，或[栏选(F)/窗交(C)/投影(P)/边(E)/删除(R)/放弃(U)]. //如图4.21所示

选择对象:
选择要修剪的对象，或按住 Shift 键选择要延伸的对象，或
[栏选(F)/窗交(C)/投影(P)/边(E)/删除(R)/放弃(U)]:

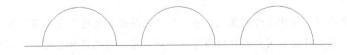

图4.21 “修剪”命令行

逐个修剪圆，再用同样的方法以三个半圆为修剪边，修剪直线部分，结果如图 4.22 所示。

图4.22 修剪结果

4.3.2 延伸对象

延伸就是使对象的终点落到指定的某个对象的边界上。

启动"延伸"命令的执行方式如下。

- 命令行：在命令行输入 extend。
- 工具栏：单击"修改"工具栏中的"延伸"按钮 ━/ ⋅。
- 菜单栏：选择"修改">"延伸"命令。

例4.7　使用"延伸"命令延伸图形对象。

命令：extend

选择对象或<全部选择>：　　//选择圆，如图4.23所示

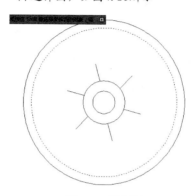

图4.23　选择圆

选择对象：

选择要延伸的对象，或按住Shift键选择要修剪的对象，或[栏选(F)/窗交(C)/投影(P)/边(E)/放弃(U)]：　　//选择所有线段，结果如图4.24所示

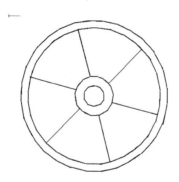

图4.24　延伸结果

知识要点

　　第一行表示当前延伸操作的模式，第二行"选择边界的边"说明当前应该选择要延伸到的边界边。第二行要求用户选择作为边界边的对象。当选择对应对象后，右键单击或按【Enter】键，AutoCAD将会提示："选择要延伸的对象，或按住Shift键选择要修剪的对象，或[投影(P)/边(E)/放弃(U)]："。

> **知识要点**
>
> AutoCAD 允许用直线 (Line)、圆弧 (Arc)、圆 (Circle)、椭圆或椭圆弧 (Ellipse)、多段线 (Pline)、样条曲线 (Spline)、构造线 (Xline)、射线 (Ray) 以及文字 (Text) 等对象作为边界边。

4.3.3 比例缩放对象

在 AutoCAD 制图中，缩放可以将图形对象按照指定比例缩小和放大图形。

启动"缩放"命令的执行方式如下。

● 命令行：在命令行输入 scale。

● 工具栏：单击"修改"工具栏中的"缩放"按钮 。

● 菜单栏：选择"修改" > "缩放"命令。

● 快捷菜单：在绘图区域选择要缩放的对象，单击鼠标右键，弹出快捷菜单，选择"缩放"命令。

例 4.8 使用"缩放"命令编辑图形。

操作步骤：

命令: scale

选择对象: //使用窗选将图 4.25 中的对象全部选中

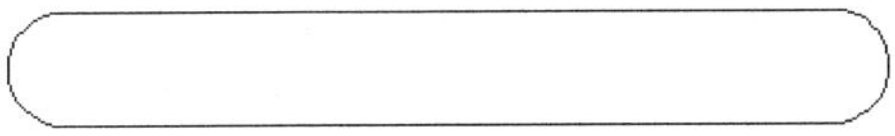

图4.25 缩放对象

选择对象:

指定基点或: //捕捉圆的圆心作为基点

指定比例因子或 [复制 (C) / 参照 (R)]: 4 //输入后按【ENTER】键确定，结果如图 4.26 所示

图4.26 缩放结果

4.3.4 拉伸对象

"拉伸"命令可以重新定位穿过或在交叉选择窗口内的对象的端点。"拉伸"命令仅移动位于交叉选择内的顶点和端点，不更改那些位于交叉选择外的顶点和端点。但是它不修改三维实体、多段线宽度、切向或者曲线拟合的信息。

启动"拉伸"命令的执行方式如下。

● 命令行：在命令行输入 stretch。

● 工具栏：单击"修改"工具栏中的"拉伸"按钮▣。

● 菜单栏：选择"修改">"拉伸"命令。

例 4.9　使用"拉伸"命令编辑图形。

操作步骤：

命令: stretch

选择对象:　　　　　//以交叉窗口或交叉多边形选择要拉伸的对象，如图4.27所示

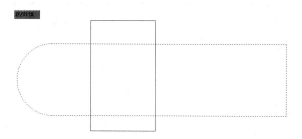

图4.27　选择对象

选择对象:

指定基点或[位移(D)]<位移>:　　　//指定A点

指定第二个点或<使用第一个点作为位移>:　　　//指定B点，结果如图4.28所示

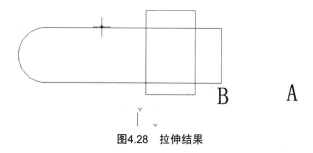

图4.28　拉伸结果

4.3.5　拉长对象

在 AutoCAD 中，拉长对象可以改变对象的长度，改变圆弧的角度，改变非闭合的圆弧、多线段、椭圆弧和样条曲线的长度。

启动"拉长"命令的执行方式如下。

● 命令行：在命令行输入 lengthen。

● 菜单栏：选择"修改">"拉长"命令。

执行完上述各种命令后，命令行提示中的各项具体解释如下。

● 选择对象：这是缺省选项，直接选择直线或者圆弧对象后，AutoCAD 会显示出它的当前长度和包含角度（对圆弧来说）。

● 增量（DE）：输入拉长量。

- 百分数 (P)：拉长后总长度相对于原长度的百分比。
- 全部 (T)：通过指定直线或圆弧的新的长度值或新的包含角度来进行对象的拉长操作。
- 动态 (DY)：通过拖动鼠标的方法来动态确定对象的新端点和改变对象的长度。

拉长效果如图 4.29、图 4.30 所示。

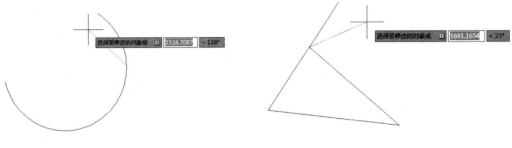

图4.29 拉长圆弧   图4.30 拉长直线

4.3.6 打断对象

"打断"命令可以将一个对象打断为两个对象，对象之间可以具有间隙（对象的一部分被删除），也可以没有间隙（对象的一部分被删除）。打断命令只能打断对象或删除对象的一部分。可以在大多数几何对象上创建打断，但不包括块、标注、多线和面域。

启动"打断"命令的执行方式如下。

- 命令行：在命令行输入 break。
- 工具栏：单击"修改"工具栏中的"打断"按钮 。
- 菜单栏：依次选择菜单栏中的"修改">"打断"命令。

打断命令派生出"打断于点"命令，可以将对象在一点处断开成两个对象。启动该命令的执行方式是：单击"修改"工具栏中的"打断于点"按钮 。

例 4.10 用实例介绍打断操作。

操作步骤：

命令：break
选择对象：   //单击圆上某点确定选择该点，如图4.31所示

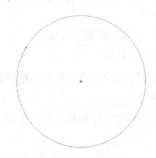

图4.31 打断对象

指定第二个打断点或[第一点(F)]：f
指定第一个打断点：   //在圆形上确定一点，如图4.32所示

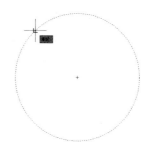

图4.32 打断过程

指定第二个打断点: //在圆形上确定第二点,完成操作效果如图4.33所示

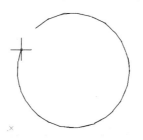

图4.33 打断结果

知识要点

    打断圆弧:如果对圆执行"打断"命令,AutoCAD 将沿逆时针方向将圆上从第 1 个打断点到第 2 个打断点之间的那段圆弧删除。

4.3.7 倒角和圆角对象

1. 倒角

    倒角是指将连接两个非平行的对象,通过延伸或修剪使它们相交或利用斜线连接。它通常表示角点上的倒角边。

    启动"倒角"命令的执行方式如下。

● 命令行 : 在命令行输入 chamfer。

● 工具栏 : 单击"修改"工具栏中的"倒角"按钮□。

● 菜单栏 : 选择"修改" > "倒角"命令。

执行完上述各种命令操作后,命令行提示中的各项具体解释如下。

● 放弃 (U) : 放弃倒角操作命令。

● 多段线 (P) : 一次对整个二维多段线进行倒角,如图 4.34、图 4.35 所示。

图4.34 倒角对象   图4.35 倒角结果

- 距离（D）：设置倒角至选定边端点的距离。
- 角度（A）：用第一条线的倒角距离和第二条线的角度设置倒角距离。
- 修剪（T）：设置倒角后是否保留原拐角边，选择"修剪"即表示倒角后对倒角边进行修剪；选择"不修剪"则表示不进行修剪，如图4.36、图4.37所示。

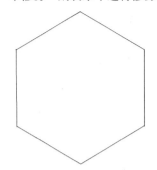

图4.36 倒角边修剪

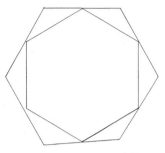

图4.37 倒角边不修剪

- 方式(E)：用于设置倒角的方法，可以采用两个距离进行倒角操作，还可以采用一个距离和一个相应的角度进行倒角操作。
- 多个(M)：给多个对象集加倒角。

 知识要点

倒角命令只能对直线、多段线和正多边形进行倒角，不能对圆弧、椭圆等进行倒角。

 注 意

倒圆角操作要点：在进行圆角操作前，必须查看圆角半径。

2．圆角

圆角就是通过一个指定半径的圆弧来光滑地连接两个对象。这两个对象可以是圆弧、圆、椭圆、直线、多段线等。如果要进行圆角的两个对象不位于同一图层，那么圆角线将位于当前的图层。

启动"圆角"命令的执行方式如下。

- 命令行：在命令行输入fillet。
- 工具栏：单击"修改"工具栏中"圆角"按钮。
- 菜单栏：选择"修改" > "圆角"命令。

执行完上述各种操作后，命令行提示中各项的具体解释如下。

- 放弃（U）：放弃倒角操作命令。
- 多段线（P）：用于在一条二维多段线的两段直线段的交点处插入圆角弧。
- 半径（R）：设置圆角的圆弧半径。
- 修剪（T）：设置圆角后是否对对象进行修剪。
- 多个（M）：给多个对象集加圆角。

例4.11 对图形进行圆角。

操作步骤：

单击工具栏的"修改 > 圆角"按钮，如图 4.38 所示。命令行提示：

当前设置:模式 = 修剪,半径 = 0.0000选择第一个对象或 [放弃(U)/多段线(P)/半径(R)/修剪(T)/多个(M)]:r   //先确定圆角半径

指定圆角半径 <0.0000>:" 15   //输入半径大小为15

选择第一个对象或 [放弃(U)/多段线(P)/半径(R)/修剪(T)/多个(M)]:t   //选择修剪模式

输入修剪模式选项 [修剪(T)/不修剪(N)] <修剪>:t   //按【Enter】键

图4.38 "修改"下拉菜单

选择第一个对象或 [放弃(U)/多段线(P)/半径(R)/修剪(T)/多个(M)]:   //选择水平边，如图4.39所示

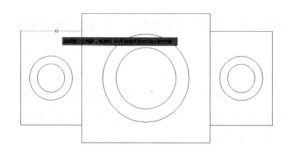

图4.39 圆角对象

选择第二个对象， 或按住 Shift 键选择要应用角点的对象: //选择竖直边，如图4.40所示

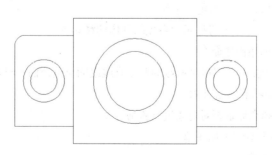

图4.40 圆角过程

重复上面步骤的方法对其他角进行圆角处理，完成操作后结果如图4.41所示。

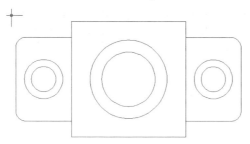

图4.41 圆角结果

4.4 综合案例——绘制书柜立面造型

学习目的 🔍

熟悉"矩形"、"圆弧"、"多段线"、"多线"、"阵列"命令的使用方法。

重点难点 🔍

⚙ 绘制矩形、圆弧、多段线、多线的方法

⚙ 镜像命令的使用

⚙ 阵列命令的使用

本实例绘制的"书柜立面造型"，其最终效果图如图4.42所示。

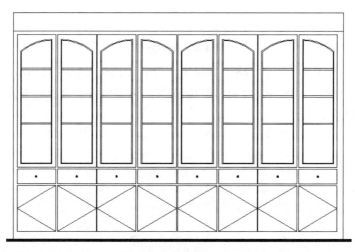

图4.42 书柜立面造型

🔊 **操作步骤**

1. 设置绘图边界

Step 01 在命令行输入"limits"命令。

Step 02 输入左下角点坐标为（0，0），右上角点坐标为（12000，10000），绘制后如图4.43所示。

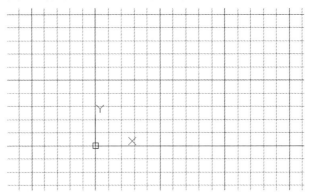

图4.43　图形界限

2. 设置绘图区域

Step 01 在命令行输入"zoom"。

Step 02 输入 A 并按【Enter】键。

3. 绘制书柜立面造型

Step 01 单击"绘图"工具栏中的"矩形"按钮□，绘制尺寸为"7480mm×5000mm"的矩形，如图4.44所示。

图4.44　绘制矩形

Step 02 单击修改工具栏中的"分解"按钮，将矩形分解，如图4.45所示。

Step 03 单击修改工具栏中的"偏移"按钮，将矩形的上边框向下偏移，偏移距离为400mm，如图4.46所示。

图4.45　将矩形分解　　　　图4.46　将矩形的上边框向下偏移

Step 04 再次利用"矩形"命令，配合"捕捉自"功能，基点捕捉自矩形左下方角点，绘制最左面的下部门窗，绘制尺寸为"880mm×1000mm"，效果如图4.47所示。

Step 05 重复利用"矩形"命令，配合"对象追踪"功能，基点捕捉自上一步中所绘矩形左上方角点垂直向上40个绘图单位为第一个角点，绘制尺寸为"880mm×320mm"的抽屉边框，绘制后效果如图4.48所示。

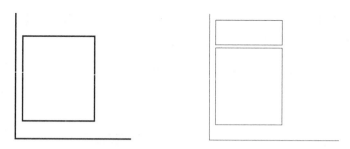

图4.47 绘制最左面的下部门窗　　　　图4.48 绘制抽屉边框

Step 06 重复利用"矩形"命令，配合"对象追踪"功能，基点捕捉自上一步中所绘矩形左上方角点垂直向上 40 个绘图单位为第一个角点，绘制尺寸为"880mm×2920mm"的左侧上部门扇外边框，绘制后效果如图 4.49 所示。

Step 07 单击"绘图"工具栏中的"直线"按钮 ，依次连接左边下部门扇右上角角点与左边框中点，左边框中点与右下角角点，绘制效果如图 4.50 所示。

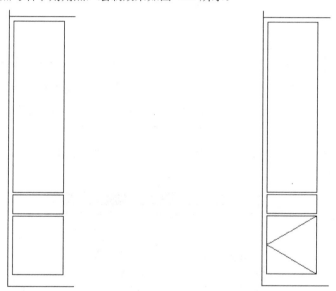

图4.49 绘制左侧上部门扇外边框　　　图4.50 使用"直线"命令对其进行修饰

Step 08 选择"绘图">"圆环"命令，配合"对象捕捉"和"对象追踪"功能，绘制内径为 20mm，外径为 40mm，圆心位于抽屉边框中心点的圆环，绘制效果如图 4.51 所示。

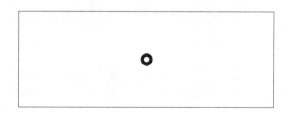

图4.51 绘制抽屉边框中心点的圆环

Step 09 选择"绘图">"多线"命令，配合"捕捉自"功能，设置多线"对正"方式为"下"，"比例"为"10"，"样式"为"STANDARD"，绘制左边上部门扇的内边框，绘制效果如图 4.52 所示。

Step10 再次利用"多线"命令，设置"对正"方式为"上"，"比例"为"40"，配合"捕捉自"功能，绘制书柜上部门扇中间的夹板，绘制效果如图 4.53 所示。

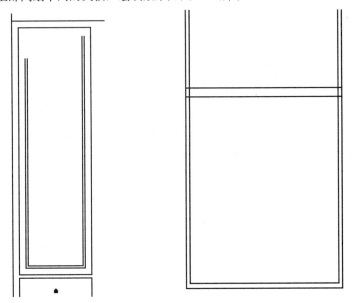

图4.52　绘制左边上部门扇的内边框　　　图4.53　绘制书柜上部门扇中间的夹板

Step11 再次利用"多线"命令，分别绘制上部门扇的第二个和第三个夹板，每个夹板之间的垂直距离为 300mm，绘制效果如图 4.54 所示。

Step12 选择"修改"＞"对象"＞"多线"命令，在弹出的"多线编辑工具"对话框中选择"T形合并"选项，对多线进行编辑，如图 4.55 所示。

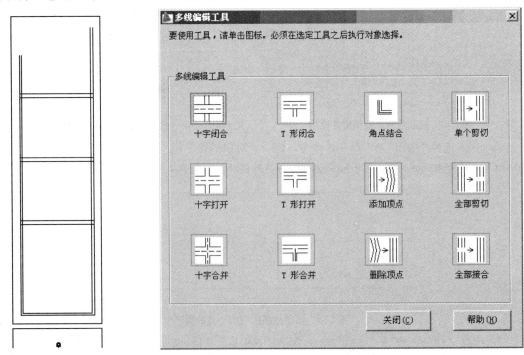

图4.54　绘制上部门扇的第二个和第三个夹板　　　图4.55　"多线编辑工具"对话框

Step 13 单击"绘图"工具栏中的"圆弧"按钮 📐，选择"圆弧"命令中的"三点"绘制圆弧的功能，配合"对象捕捉"功能，绘制上部门扇的圆弧部分，绘制效果如图 4.56 所示。

Step 14 单击"修改"工具栏中的"分解"按钮 📇，将多线分解。

Step 15 单击"修改"工具栏中的"偏移"按钮 📇，将所绘制圆弧向内侧偏移 20mm，效果如图 4.57 所示。

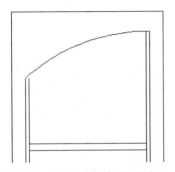

图4.56　绘制上部门扇的圆弧部分

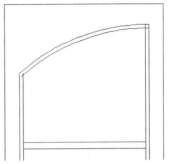

图4.57　将所绘制圆弧向内侧偏移

Step 16 单击"修改"工具栏中的"修剪"按钮 ⟋，对圆弧进行修剪，修剪后效果如图 4.58 所示。

Step 17 单击"修改"工具栏中的"偏移"按钮 📇，将书柜外边框的左侧边向右偏移，偏移距离为 980mm，作为下一步镜像的辅助直线，如图 4.59 所示。

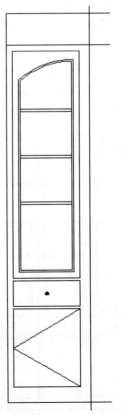

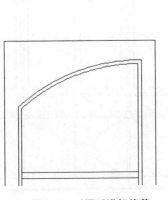

图4.58　对圆弧进行修剪

图4.59　将书柜外边框向右偏移

Step 18 单击"修改"工具栏中的"镜像"按钮 ⚓，以上一步中所偏移的辅助直线为轴，将已经绘制完成的左半部分书柜进行镜像操作，效果如图 4.60 所示。

Step 19 单击"修改"工具栏中的"删除"按钮 ✐，删除辅助直线，绘制结果如图 4.61所示。

图4.60　对其进行镜像操作

图4.61　删除辅助直线

Step 20 单击"修改"工具栏中的"阵列"按钮 ，将所绘制门扇向右水平复制 4 个，弹出"阵列"对话框后，在"行"文本框中输入"1"，在"列"文本框中输入"4"，在"列偏移"文本框中输入"1840"，绘制结果如图 4.62 所示。

图4.62　使用阵列命令对其进行阵列操作

Step21 单击"绘图"工具栏中的"多段线"按钮，设置多段线的宽度为"40"，绘制书柜的水平示意线，绘制结果如图 4.63 所示。

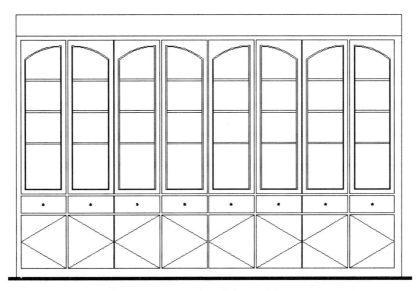

图4.63 绘制书柜的水平示意线

Step22 选择"文件">"保存"命令，对图形文件进行保存，文件格式为 .dwg，如图 4.64 所示。

图4.64 进行镜像操作

4.5 习题

一、填空题

1. 环形阵列的 _____ 由指定中心点与参照点或与最后一个选定对象上的基点之间的距离决定。

2．在"修改"工具栏中单击 _____ 按钮，可以将对象在一点处断开为两个对象，此命令是从 _____ 命令中派生出来的。

3．偏移对象与复制、镜像命令的目的一样，都是参考所选择的对象，复制出新的对象，偏移的命令是 _____ 。

二、选择题

1．在用 line 命令绘制封闭图形时，最后一直线可输入（　　　）字母后按【Enter】键而自动封闭。

A．C   B．G   C．D   D．0

2．用一次 line 命令连续绘出多条直线，在 line 命令未结束，在 To Point 提示下，输入（　　　）字母按【Enter】键，可取消上一条直线。

A．C   B．U   C．@   D．0

3．在 AutoCAD 2012 中，用 trace 命令画实心的等宽线时，应（　　　）。

A．设置 FILL 状态为 ON   B．设置 FILL 状态为 OFF

C．由系统设定不要更改   D．采用缺省设置

三、上机操作题

1．利用本章所学相关知识绘图 4.65 所示的图形。

2．利用本章所学相关命令绘制如图 4.66 所示的电视机的平面图，尺寸根据实际情况自定。

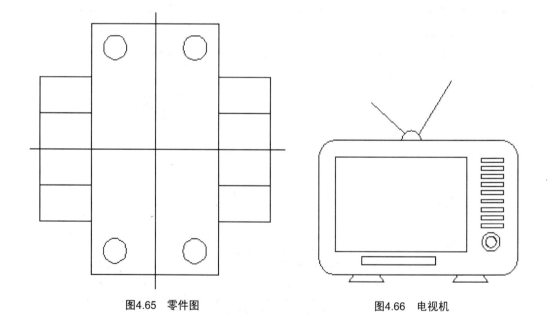

图4.65　零件图   图4.66　电视机

第5章 图案填充

在 AutoCAD 中，面域和图案填充也属于二维图形对象。其中，面域是具有边界的平面区域，是一个面对象，内部可以包含孔；图案填充是一种使用指定线条图案来充满指定区域的图形对象，常常用于表达剖切面和不同类型物体对象的外观纹理。

→ 学习目标

- 了解面域的创建
- 掌握面域的布尔运算
- 掌握使用渐变色填充图形的方法

5.1 面域

面域是具有物理特性（如形心或质量中心）的二维封闭区域，可以将现有面域组合成单个或复杂的面域来计算面积。面域是使用形成闭合环的对象创建的二维闭合区域。环可以是直线、多段线、圆、圆弧、椭圆、椭圆弧和样条曲线的组合。组成环的对象必须闭合或通过与其他对象共享端点而形成闭合的区域。

面域的作用是：应用填充和着色；使用 massprop 分析特性，如面积；提取设计信息，如形心。

5.1.1 面域的创建

执行方式如下。

- 命令行：在命令行里输入 region。
- 工具栏：单击"绘图"工具栏中的"面域"按钮 。
- 菜单栏：选择"绘图">"面域"命令。

执行上述命令后，命令行提示："选择对象："，选择好要形成面域的对象后按【Enter】键，系统自动将所选的对象转换成面域。

技巧

还可以使用"边界"命令来定义面域。选择"绘图"＞"边界（B）"命令，弹出"边界创建"对话框，如图 5.1 所示。在"边界创建"对话框的"对象类型"列表中，选择"面域"，单击"拾取点"按钮，在图形中每个要定义为面域的闭合区域内指定一点并按【Enter】键。此点称为内部点。同时可以创建新的边界集以限制用于确定边界的对象的数目。

图5.1　"边界创建"对话框

例 5.1　将图 5.2 的几何图形转换成面域，转换成面域后如图 5.3 所示。

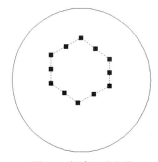

图5.2　创建面域之前

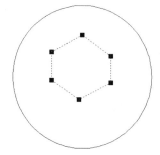

图5.3　创建面域之后

操作步骤：

命令：region　　　　　//在命令行输入region

选择对象：找到 1 个　　　　//单击选择对象

选择对象：找到 1 个，总计 2 个

选择对象：找到 1 个，总计 3 个

选择对象：找到 1 个，总计 4 个

选择对象：找到 1 个，总计 5 个

选择对象：找到 1 个，总计 6 个

选择对象：　　　　　//按【Enter】键或单击鼠标右键

已提取 1 个环

已创建 1 个面域

5.1.2 面域的布尔运算

布尔运算是数学上的一种逻辑运算，也可以用在面域的运算中，包括并集、交集和差集三种。执行方式如下。

● 命令行：在命令行输入"union"（并集）/"subtract"（差集）/"intersect"（交集）。

● 菜单栏：选择"修改">"实体编辑">"并集"/"差集"/"交集"命令。

执行上述命令后，对于并集和交集，命令行提示："选择对象："，选择对象结束后单击鼠标右键。此时，系统将会对所选的面域作并集和交集计算。

而对于差集，命令行提示："选择要从中减去的实体或面域…选择对象："。此时选择的对象可称为主体对象，等同于算术运算中的被减数。选择对象结束后单击鼠标右键，命令行提示："选择要减去的实体或面域…选择对象："。此时选择的对象可称为参照体对象，等同于算术运算中的减数。选择对象结束后再次单击鼠标右键，系统将会对所选的面域作差集计算。

> **知识要点**
>
> 布尔运算的对象只包括共面的面域（和三维建模中的实体），对于普通的线条图形对象无法使用布尔运算。也就是说，要想对图形进行布尔运算，必须先将普通的线条图形创建成面域。

例5.2 对图 5.4 所示的几何图形构成的两个面域进行布尔运算。

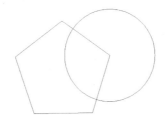

图5.4 几何图形构成的两个面域

并集的操作步骤：

```
命令: union        //在命令行输入union
选择对象: 找到 1 个      //选择对象
选择对象: 找到 1 个，总计 2 个
选择对象:              //按【Enter】键
```

绘制后如图 5.5 所示。

图5.5 并集操作

交集的操作步骤：

命令: intersect   //在命令行输入intersect

选择对象: 找到 1 个   //选择对象

选择对象: 找到 1 个, 总计 2 个

选择对象: //按【Enter】键

绘制后如图 5.6 所示。

图5.6　交集操作

差集的操作步骤：

命令: subtract 选择要从中减去的实体、曲面和面域... //选择"修改" >"实体编辑">"差集"命令

选择对象: 找到 1 个   //选择对象，按【Enter】键

选择对象:

选择要减去的实体、曲面和面域...   //选择要减去的对象，按【Enter】键

选择对象: 找到 1 个

选择对象:

绘制后如图 5.7 所示。

图5.7　差集操作

5.1.3　面域的数据提取

从表面上看，面域和一般的封闭线框没有区别，就像是一张没有厚度的纸。实际上，面域是二维实体模型，它不但包含边的信息，还有边界内的信息。可以利用这些信息计算工程属性，如面积、质心、惯性等。

可以通过相关操作提取面域的有关数据。执行方式如下。

● 命令行：在命令行输入 massprop。

● 菜单栏：选择"工具">"查询">"面域 / 质量特性"命令。

执行上述命令后，命令行提示："选择对象："，选择对象结束后单击鼠标右键。此时，系统将自动切换到"AutoCAD 文本窗口"，显示面域对象的数据特性，如图 5.8 所示。

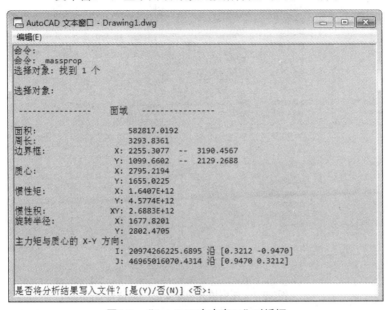

图5.8 "AutoCAD文本窗口"对话框

知识要点

massprop 在文本窗口中显示质量特性，并询问是否将质量特性写入文本文件。如果输入 y，则 massprp 将提示输入文件名。文件的默认扩展名为 .mpr，但是该文件是可以用任何文本编辑器打开的文本文件。

5.2 图案填充和渐变色

重复绘制某些图案以填充图形中的一个区域，从而表达该区域的特征，这种填充操作称为图案填充。

5.2.1 创建图案填充和渐变色

可以使用预定义填充图案填充区域，使用当前线型定义简单的线图案，也可以创建更复杂的填充图案，还可以创建渐变填充。渐变填充是指在一种颜色的不同灰度之间或两种颜色之间使用过渡。渐变填充提供光源反射到对象上的外观，可用于增强演示图形。

执行方式如下。

- 命令行：在命令行输入 bhatch。
- 工具栏："绘图" > "图案填充"按钮┇ / "渐变色"按钮┇。
- 菜单栏：选择"绘图（D)" > "图案填充 (H)" / "渐变色"命令。

调用命令后，弹出"图案填充和渐变色"对话框，如图 5.9 所示。

图5.9 "图案填充和渐变色"对话框

注 意

在进行图案填充时，通常将位于一个已定义好的填充区域内的封闭区域称为孤岛。单击"图案填充和渐变色"选项面板右下角的按钮，将显示更多选项，可以对孤岛和边界进行设置，如图5.10所示。

图5.10 "图案填充和渐变色"对话框

5.2.2 编辑填充的图案和渐变色

创建了图案填充后，可以通过该命令修改填充图案或修改图案区域的边界。

执行方式如下。

● 命令行：在命令行输入 hatcheditH。

● 菜单栏：选择"修改（M）">"对象 (O)">"图案填充 (H)"命令。

执行上述命令后，命令行提示："选择图案填充对象："，同时光标变成一个小方块。移动小方块，在绘图窗口中单击需要编辑的图案填充，这时将打开"图案填充编辑"对话框。"图案填充编辑"对话框与"图案填充和渐变色"对话框的内容完全相同，只是定义填充边界和对孤岛操作的某些按钮不再可用。

打开"图案填充编辑"对话框后，就可以像创建图案填充和渐变色的操作一样来编辑图案填充和渐变色了，此处不再赘述。

双击要修改的图案填充对象，或单击选中要修改的图案填充对象，再单击鼠标右键，在弹出的快捷菜单中选择"编辑图案填充"命令，均会弹出"图案填充编辑"对话框，从而对图案填充对象进行编辑。

注意

图案是一种特殊的块，称为"匿名"块，无论形状多复杂，它都是一个单独的对象。可以选择"修改"＞"分解"命令来分解一个已存在的关联图案。图案被分解后，它将不再是一个单一对象，而是一组组成图案的线条。同时，分解后的图案也失去了与图形的关联性，将无法使用"修改（M）"＞"对象(O)"/"图案填充(H)"命令来编辑。

5.2.3 图案填充的可见性控制

某些显示器和打印机要花很长时间填充对象内部，通过控制图案填充的可见性，可以简化显示和打印，以提高效率。

执行方式：在命令行输入 fill/fillmode。

● 当在命令行输入 fill，命令行提示："输入模式 [开 (on)/ 关 (off)]< 开 >："，在命令行输入 on 按【Enter】键，重新生成图形后将显示填充图案，打印图形时也将打印填充图案；

● 在命令行输入 off 按【Enter】键，重新生成图形后将不显示填充图案，打印图形时也将不打印填充图案。

● 当在命令行输入 fillmode，命令行提示："输入 fillmode 的新值 <1>："，

● 在命令行输入数字 1 按【Enter】键，重新生成图形后填充图案将显示，打印图形时也将打印填充图案；在命令行输入数字 0 按【Enter】键，重新生成图形后将不显示填充图案，打印图形时也将不打印填充图案。

将填充图案建在单独的图层上，这样在修改填充对象的颜色和线型时就更为方便。
也可以通过冻结或关闭相应的图层，非常方便地控制填充对象的可见性。

5.3 综合案例——绘制铺地布置图

学习目的

通过绘制"铺地布置图"，熟悉"图案填充"、"文字"、"标注"命令。

重点难点

- 图案填充命令的使用
- 文字命令的使用
- 标注命令的使用

本实例绘制的是铺地布置图，也是在平面布置图的基础上绘制的，其最终效果图如图5.11所示。

图5.11　铺地布置图

操作步骤

1．准备工作

Step 01 将之前绘制的平面布置图复制、粘贴，图中门、窗以及部分家具对象保留，如图5.12所示。

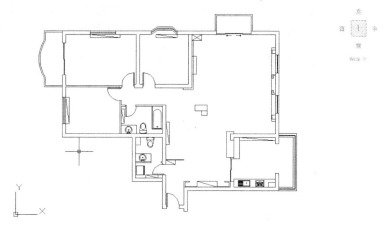

图5.12　平面布置图

Step 02 选择"直线"命令绘制出餐厅和客厅的分界线，如图 5.13 所示。

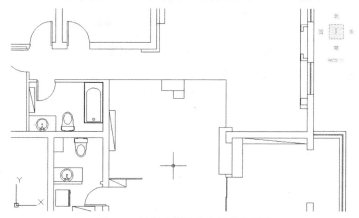

图5.13　绘制出餐厅和客厅的分界线

2. 绘制客厅铺地

Step 01 选择"绘图" > "图案填充"命令，弹出"图案填充和渐变色"对话框，如图 5.14 所示。

图5.14　"图案填充和渐变色"对话框

Step 02 在弹出的对话框中选择"图案填充"选项卡,在"类型和图案"区域单击"样例",弹出"填充图案选项板"对话框,选择"dolmit"样例,然后单击"确定"按钮,如图 5.15 所示。

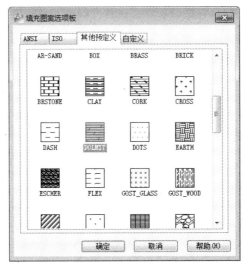

图5.15 "填充图案选项板"对话框

Step 03 在"边界"选项组,单击"添加:拾取点"按钮,如图 5.16 所示。

图5.16 "边界"选项组

Step 04 单击要填充的区域即客厅铺地,按【Enter】键,返回"图案填充和渐变色"对话框,单击"确定"按钮。填充后如图 5.17 所示。

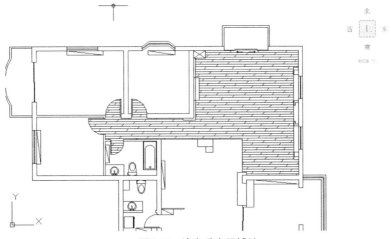

图5.17 填充后客厅铺地

3. 绘制三个卧室铺地

Step 01 重复上面步骤,选择"dolmit"样例,然后单击"确定"按钮。在"边界"选项组,单击"添加:拾取点"按钮。

Step 02 单击要填充区域即三个卧室铺地,按【Enter】键,返回"图案填充和渐变色"对话框,单击"确定"按钮。填充后如图 5.18 所示。

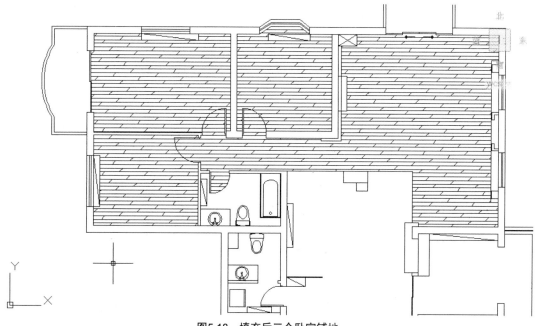

图5.18 填充后三个卧室铺地

4. 绘制阳台铺地

Step 01 重复步骤 1,只是选择"GRATE"样例,然后单击"确定"按钮,如图 5.19 所示。在"边界"区域,单击"拾取点"按钮。

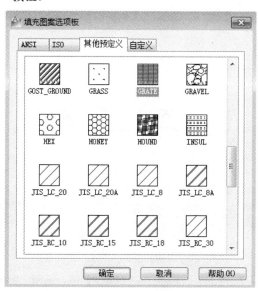

图5.19 "填充图案选项板"对话框

Step 02 单击要填充区域即阳台铺地,按【Enter】键,返回"图案填充和渐变色"对话框,单击"确定"按钮。填充后如图5.20所示。

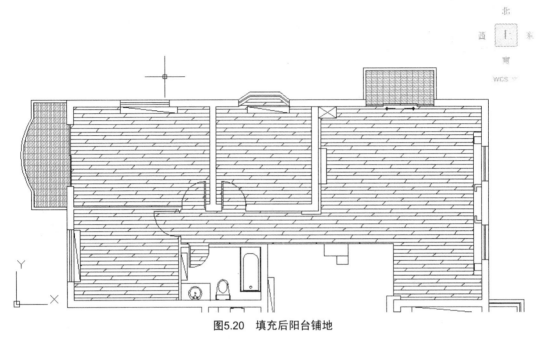

图5.20　填充后阳台铺地

5. 绘制两卫生间铺地

Step 01 重复步骤1,只是选择"ANGLE"样例,然后单击"确定"按钮,如图5.21所示。在"边界"区域,单击"拾取点"按钮。

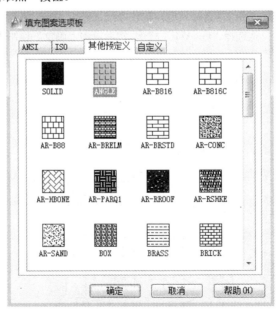

图5.21　"填充图案选项板"对话框

Step 02 单击要填充区域即两卫生间铺地,按【Enter】键,返回"图案填充和渐变色"对话框。单击"确定"按钮。填充后如图5.22所示。

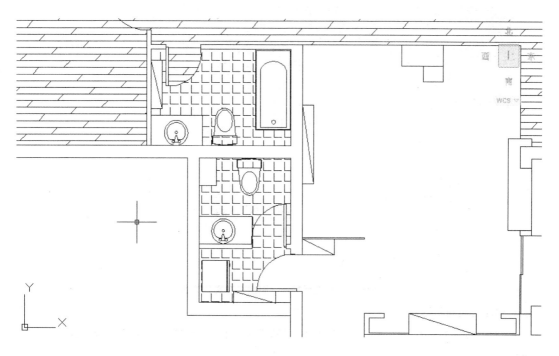

图5.22 填充后两卫生间铺地

6. 绘制餐厅、厨房以及玄关铺地

Step 01 重复步骤1，只是选择"NET"样例，然后单击"确定"按钮，如图5.23所示。在"边界"区域，单击"拾取点"按钮。

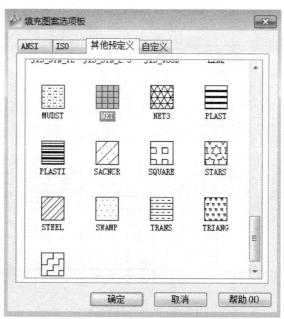

图5.23 "填充图案选项板"对话框

Step 02 单击要填充区域即餐厅、厨房以及玄关铺地，按【Enter】键，返回"图案填充和渐变色"对话框。单击"确定"按钮。填充后如图5.24所示。

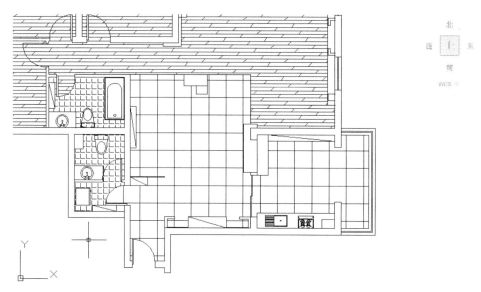

图5.24　填充后餐厅、厨房以及玄关铺地

7. 标注各房间名称

Step 01 选择"工具">"工具栏">"AutoCAD">"文字">"单行文字"命令，调出"文字"工具栏。

Step 02 在添加文字区域单击指定文字起点，设置文字格式。

Step 03 输入要添加的房间名称。

绘制后如图 5.25 所示。

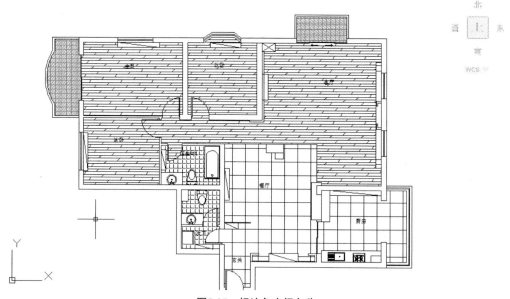

图5.25　标注各房间名称

8. 标注各房间铺地材料名称

Step 01 选择"工具">"工具栏">"AutoCAD">"文字">"多行文字"命令，调出"文字"工具栏。

Step 02 在添加文字区域单击指定文字起点，设置文字格式。

Step 03 输入要添加的房间铺地材料名称。

绘制后如图 5.26 所示。

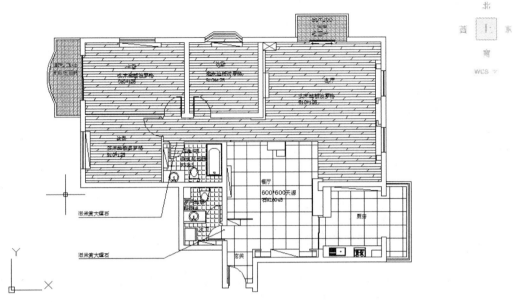

图5.26 标注各房间铺地材料名称

9. 标注铺地平面图的尺寸和立面图的名称与比例

Step 01 选择"工具">"工具栏">"AutoCAD">"标注"命令，调出"标注"工具栏，对其进行标注。

Step 02 按步骤 7 对立面图的名称和比例进行文字标注，如图 5.27 所示。

图5.27 标注铺地平面图的尺寸

5.4 习题

一、填空题

1. _____是具有物理特性（例如形心或质量中心）的二维封闭区域，可以将现有面域组合成单个、复杂的面域来计算面积。

2. 要想对图形进行布尔运算，必须先将普通的线条图形创建成_____。

3. 面域的布尔运算有_____、_____、_____三种。

4. 只要是封闭体就一定能建立面域吗？_____（填是或不是）。

二、选择题

1. 下列（   ）不属于图形实体的通用属性。

A．颜色 　　　　　B.图案填充 　　　　　C.线宽 　　　D.线型比例

2. 填充的方式不包括（   ）。

A．普通 　　　　　B．内部 　　　　　C．忽略 　　　D．外部

3. 假如在 AutoCAD 系统屏幕上已绘制了一个图形，现将它作为一个实体来处理，应使用（   ）命令。

A．move 　　　　　B．copy 　　　　　C．block 　　　D．array

三、上机题

1. 利用本章所学相关知识绘如图 5.28 所示的图案填充。

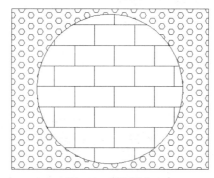

图5.28　图案填充

2. 运用"圆"、"样条曲线"、"阵列"和"图案填充"命令绘制如图 5.29 所示的图形。

图5.29　图案填充

第6章 文字与表格

文字对象是 AutoCAD 图形中很重要的图形元素，是室内装修设计中不可缺少的组成部分。在一个完整的图样中，通常都包含一些文字注释来标注图样中的一些非图形信息。例如，室内装修设计中的技术要求、材料说明，以及施工要求等。使用表格功能可以创建不同类型的表格，还可以在其他软件中复制表格，以简化制图操作。

→ 学习目标

- 掌握创建文字样式，包括设置样式名、字体、文字效果等
- 掌握设置表格样式，包括设置数据、列标题和标题样式等
- 掌握创建与编辑单行文字和多行文字的方法

6.1 创建文字样式

文字样式用于设置图形中所用文字的字体、高度和宽度等系数，在对图形进行标注前的首要任务就是设置文字样式，在一幅图形中可有多种文字样式，用于管理不同对象的标注。

6.1.1 创建新样式

在 AutoCAD 中，所有文字都有与之相关联的文字样式。在创建文字注释和尺寸标注时，AutoCAD 通常使用当前的文字样式。也可以根据具体要求重新设置文字样式或创建新的样式。

创建"文字样式"的执行方式如下。

- 命令行：在命令行里输入 style。
- 工具栏：单击"文字样式"按钮 ⏣。
- 菜单栏：选择"格式">"文字样式"命令。

调用上述命令后，弹出"文字样式"对话框，如图 6.1 所示。

图6.1 "文字样式"对话框

在"文字样式"对话框中，系统提供了一种默认的文字样式是"Standard"，用户可以创建一个新的文字样式或修改文字样式，以满足绘图要求。

"样式"列表框用来显示图形中的样式列表。"字体"选项组用来更改样式的字体。"大小"选项组用来更改文字的大小。"效果"选项组用来修改字体的特性，如宽度因子、倾斜角度及是否颠倒显示、反向或垂直对齐。

1. 设置样式名

单击"文字样式"对话框上的"新建"按钮，弹出"新建文字样式"对话框，如图 6.2 所示。

图6.2 "新建文字样式"对话框

在其中可以输入新建文字样式的名字。如果不输入文字样式名，应用程序将自动将文字样式命名为"样式 n"，n 表示从 1 开始的数字。

要点提示

　　文字样式名称最长可达 255 个字符，其中包括字母、数字和特殊字符，如美元符号（$）、下划线（_）和连字符（-）等。

命名文字样式后，新设置的文字样式名将显示在"文字样式"对话框上的"样式名"下的列表框中。还可以在该列表框中右键单击文字样式名，弹出快捷菜单，对文字样式进行"置为当前"、"重命名"和"删除"操作，如图 6.3 所示。

图6.3 弹出快捷菜单

2．设置字体

"文字样式"对话框的"字体"选项组用于设置文字样式使用的字体和字高等属性，如图6.4所示。

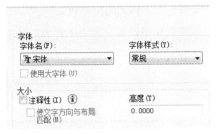

图6.4 "字体"选项组

"字体名"下拉列表框用于选择字体，字体分为两种：一种是 Windows 提供的字体，即 TrueType 类型的字体；另一种是 AutoCAD 特有的字体（扩展名 .shx）。

"字体样式"下列表框用于选择字体格式，如斜体、粗体和常规字体等。

若选中"使用大字体"复选框，"字体样式"下拉列表框变为"大字体"下拉列表框，用于选择大字体文件。

"高度"文本框用于设置文字的高度。

3．设置文字效果

在"文字样式"对话框中，使用"效果"选项组中的选项可以设置文字的颠倒、反向、垂直等显示效果，如图6.5所示。

图6.5 "效果"选项组

- "颠倒"复选框表示选中该选项可将文字颠倒放置。
- "反向"复选框表示选中该选项可将文字反向放置。
- "垂直"复选框表示确定文本垂直标注还是水平标注。对于 TrueType 字体而言，该选项不可用。
- "宽度因子"文本框可以设置文字字符的高度和宽度之比，当"宽度因子"值为1时，将按系统定义的高宽比书写文字；当"宽度因子"小于1时，字符会变窄；当"宽度因子"大于1时，字符则变宽。
- "倾斜角度"文本框可以设置文字的倾斜角度，角度为0°时不倾斜；角度为正值时向右倾斜；角度为负值时向左倾斜。

各种效果如图6.6所示。

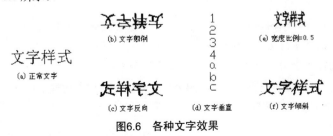

图6.6 各种文字效果

4. 预览与应用文字样式

在"文字样式"对话框的左下方的空白区域可以预览所选择或所设置的文字样式效果。每选中一个文字样式名，就在该区域出现所选文字样式的预览效果。

设置完文字样式后，单击"应用"按钮即可应用文字样式。然后单击"关闭"按钮，关闭"文字样式"对话框。

6.1.2 创建单行文字

使用单行文字可以创建一行或多行文字，通过按【Enter】键来结束每一行。每行文字都是独立的对象，可以重新定位、调整格式或进行其他修改。创建单行文字时，首先要指定文字样式并设置对齐方式。

执行方式如下。

- 命令行：在命令行里输入 dtext。
- 工具栏：单击"单行文字"按钮AI。
- 菜单栏：选择"绘图">"文字">"单行文字"命令。

调用命令后，命令行提示：

当前文字样式："Standard" 文字高度：2.5000 注释性：否

指定文字的起点或[对正(J)/样式(S)]：

知识要点

在输入文字的过程中，可以随时改变文字的位置。如果在输入文字的过程中想改变后面输入的文字的位置，可将光标移到新的位置并单击拾取键，原标注行结束，光标出现在新确定的位置后，可以在此继续输入文字。但在标注文字时，不论采用哪种文字排列方式，输入文字时，在屏幕上显示的文字都是按左对齐的方式排列，直到结束 TEXT 命令后，才按指定的排列方式重新生成文字。

6.1.3 创建多行文字

可以创建一个多行文字对象，以便对图形进行详细的注释和说明。"多行文字"又称为段落文字，是一种更易于管理的文字对象，可以由两行以上的文字组成，而且各行文字都是作为一个整体处理。

执行方式如下。

- 命令行：在命令行里输入 mtext。
- 工具栏：单击"多行文字"按钮**A**。
- 菜单栏：选择"绘图">"文字">"多行文字"命令。

执行该命令后，根据命令行提示，在绘图窗口中指定一个用来放置多行文字的矩形区域，将打开"文字编辑器"选项面板，如图 6.7 所示。

图6.7 "在位文字编辑器"选项面板

例 6.1 创建如图 6.8 所示方框中的多行文字。

图6.8 方框中的多行文字

操作步骤：

① 选择"格式">"文字样式"命令，打开"文字样式"对话框，如图 6.9 所示。

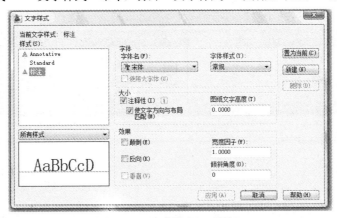

图6.9 "文字样式"对话框

② 单击"新建"按钮，打开"新建文字样式"对话框，在"样式名"文本框中输入"Mtext"，单击"确定"按钮，返回到"文字样式"对话框，对新的文字样式进行设置，如图 6.10 所示。

图6.10 "新建文字样式"对话框

③ 在"字体"选项组中的"SHX字体"下拉列表中选择 gbenor.shx（标注直体字母与数字）；在"大字体"下拉列表中仍采用 gbcbig.shx；在"高度"文本框中输入"5"；在"倾斜角度"文本框中输入"15"，如图 6.11 所示。

图6.11　设置文字样式

④ 单击"应用"按钮应用该文字样式，单击"置为当前"按钮将文字样式 Mytext 置为当前样式，然后单击"关闭"按钮关闭"文字样式"对话框。

⑤ 选择"绘图">"文字">"多行文字"命令，在绘图窗口中拖动，创建一个用来放置多行文字的矩形区域，如图 6.12 所示。

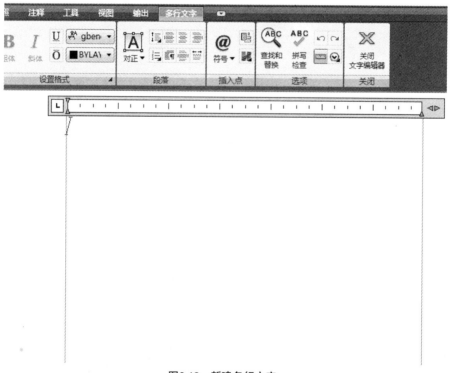

图6.12　新建多行文字

⑥ 在文字输入窗口中输入需要创建的多行文字内容，如图 6.13 所示。

插入点
选项
关闭
技 术 要 求
1、本齿轮油泵的输油量可按下式计算:
Qv=0.007n　式中　Qv- 体积流量，L/min
n- 转速，r/min
2、吸入高度不得大于500mm。
3、Ø5H7两圆柱销孔装配时钻。
4、件4从动齿轮，件6主动齿轮轴的轴间隙，用改变件7垫片的
厚度来调整，装配完毕后，用手转动主动齿轮，应能灵活旋转。

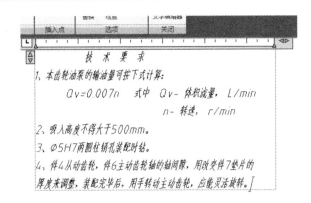

图6.13　输入文字

⑦ 单击“确定”按钮，输入的文字显示在矩形窗口中，如图 6.14 所示。

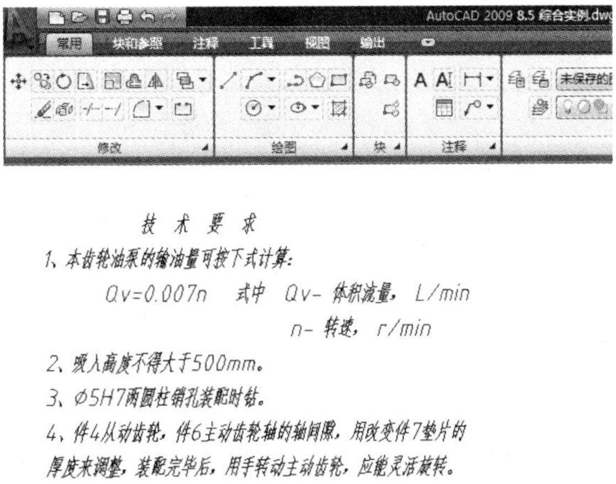

AutoCAD 2009 8.5 综合实例.dwg
常用
块和参照
注释
工具
视图
输出
修改
绘图
块
注释
技 术 要 求
1、本齿轮油泵的输油量可按下式计算:
Qv=0.007n　式中　Qv- 体积流量，L/min
n- 转速，r/min
2、吸入高度不得大于500mm。
3、Ø5H7两圆柱销孔装配时钻。
4、件4从动齿轮，件6主动齿轮轴的轴间隙，用改变件7垫片的
厚度来调整，装配完毕后，用手转动主动齿轮，应能灵活旋转。

图6.14　多行文字显示效果

技巧

如果在输入 1/2 后按【Enter】键，将打开“自动堆叠特性”对话框，如图 6.15 所示。在该对话框中，可以设置是否需要在输入如 x/y、x#y 和 x^y 的表达式时自动堆叠，还可以设置堆叠的其他特性。单击“确定”按钮，文字将自动堆叠，效果如图 6.16 所示。

自动堆叠特性
是否需要在输入形如 x/y、x#y 和 x^y 的表达式时自动堆叠?
启用自动堆叠(E)
删除前导空格(R): 1 x/y 变成 1x/y
指定“x/y”应如何堆叠:
转换为斜分数形式(D)
转换为水平分数形式(H)
不再显示此对话框，始终使用这些设置(A)。
确定
取消

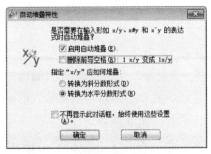

图6.15　“自动堆叠特性”对话框

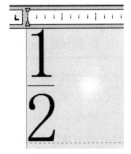

图6.16　自动堆叠效果

6.2 编辑文字

对于已输入完成的文本内容，如果发现错误或需要对其修改，可以重新编辑输入文本。当然并不需要删除原来输入的文本内容，可以直接在原来文本的基础上进行修改。

6.2.1 编辑单行文字

可以对单行文字进行单独编辑。编辑单行文字包括编辑文字的内容、对正方式及缩放比例。
执行方式如下。

● 命令行：在命令行中输入 ddedit。
● 菜单栏：选择"修改">"对象">"文字">"编辑"命令。
● 工具栏：单击"文字"工具栏上的"文字"按钮A。
● 双击：双击文字标注。

调用上述命令后，命令行提示："选择注释对象或[放弃(U)]:"，双击文字对象，便可对单行文字的内容进行编辑了。

另外，在菜单栏的"文字"子菜单中还有"比例"（scaletext）和"对正"（justifytext）两个命令。使用这两个命令可分别对文字对象进行缩放比例和对正方式的编辑。

例 6.2 设置图 6.17 所示文字的宽度系数为 0.75，并倾斜 30°。
操作步骤：

① 右击选定文本，在弹出的快捷菜单中选择"特性"命令，弹出"特性"对话框。
② 在"文字"选项组的"宽度系数"文本框中，输入"0.75"。
③ 在"文字"选项组的"倾斜"文本框中输入"30"。
④ 单击"关闭"按钮，文本编辑结果如图 6.17 所示。

计算机辅助设计
AutoCAD2012

图6.17 文本编辑结果

6.2.2 编辑多行文字

要编辑创建的多行文字，可选择"修改">"对象">"文字">"编辑"命令，并单击创建的多行文字，打开多行文字编辑窗口；也可以在绘图窗口中双击输入的多行文字，或在输入的多行文字上右击，从弹出的快捷菜单中选择"重复编辑多行文字"命令或"编辑多行文字"命令，打开多行文字编辑窗口。然后参照多行文字的设置方法，修改并编辑文字，此处不再赘述。

6.2.3 在特性面板中编辑文字

单行文字的编辑主要涉及修改文字特性和修改文字内容两方面。

修改文字特性有以下两种方法：

● 单击"标准"工具栏中的"特征"按钮 。

● 选择文字后单击鼠标右键，选择"特性"命令。

6.3 修改文字

使用"查找"命令可以快速实现对一段文字中的一部分文字的查找和替换。

6.3.1 查找和替换标注文字

执行方式如下。

● 命令行：在命令行中输入 find。

● 菜单栏：选择"编辑" > "查找"命令。

执行上述命令后，弹出"查找和替换"对话框，如图 6.18 所示。

图6.18 "查找和替换"对话框

● "查找内容"文本框：用于输入或显示选择的文字。

● "替换为"文本框：用于输入替换后的文字。

● "查找位置"下拉列表：用于选择文字的查找范围。若选择"整个图形"会对整个图形中的文字进行查找或替换；单击 按钮可在图形中选择具体的文字查找范围。

● "更多选项"按钮 ：用于设置文字的属性。

● "列出结果"选项组：显示查找的结果，如图 6.19 所示。

图6.19 "列出结果"选项组

6.3.2 修改文字比例和对正

在命令行输入 dtext，命令行提示：

命令：dtext

当前文字样式："Standard" 文字高度：149.8704 注释性：否

指定文字的起点或 [对正(J)/样式(S)]：

1. 对正

用来控制文字的对齐方式，选择该命令后，在命令提示行中输入选项J，命令行提示：

[对齐(A)/调整(F)/中心(C)/中间(M)/右(R)/左上(TL)/中上(TC)/右上(TR)/左中(ML)/正中(MC)/右中(MR)/左下(BL)/中下(BC)/右下(BR)]：

2. 样式

用来设置当前文字的样式。输入 s 后，命令行提示如下：

指定文字的起点或 [对正(J)/样式(S)]：s

输入样式名或 [?] <Standard>：

若不知道当前图形中有哪些文字样式，可以在命令行中输入"？"并按【Enter】键，弹出"AutoCAD 文本窗口"，在此窗口中列出了所有的文字样式及其放置参数，如图 6.20 所示。

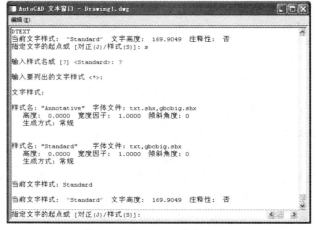

图6.20 "AutoCAD文本窗口"

6.4 表格

表格是由包含注释（以文字为主，也包含多个块）的单元构成的矩形阵列，是在行和列中包含数据的对象。可以从空表格或表格样式创建表格对象，还可以将表格链接至 Microsoft Excel 电子表格中的数据，也可以将表格链接至 Microsoft Excel（.XLS、.XLSX 或 .CSV）文件中的数据。用户可以将其链接至 Excel 中的整个电子表格、行、列、单元或单元范围。表格的外观由表格样式控制。用户可以使用默认表格样式 STANDARD，也可以创建自己的表格样式。表格单元数据可以包括文字和多个块，还可以包含使用其他表格单元中的值进行计算的公式。

6.4.1 定义表格样式

表格使用行和列以一种简洁清晰的形式提供信息，常用于一些组件的图形中。表格样式控制一个表格的外观，用于保证标准的字体、颜色、文本、高度和行距。用户可以使用默认的表格样式，也可以根据需要自定义表格样式。

启用"表格样式"命令的执行方式如下。

- 命令行：在命令行中输入 tabletype。
- 菜单栏：选择"格式">"表格样式"命令。
- 工具栏：单击"样式"工具栏中的"表格样式"按钮。

执行上述命令后，弹出"表格样式"对话框，如图 6.21 所示。

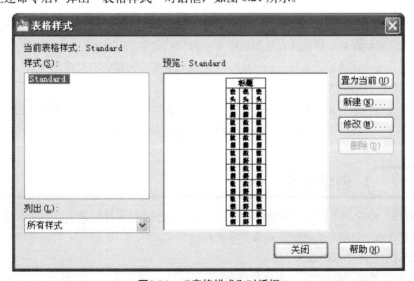

图6.21 "表格样式"对话框

单击对话框中的"新建"按钮，弹出"创建新的表格样式"对话框，在该对话框中的"新样式名"文本框中输入新的表格样式名，在"基础样式"下拉列表框中选择一种基础样式作为模板，新样式将在该样式的基础上进行修改，如图 6.22 所示。

图6.22 "创建新的表格样式"对话框

单击"继续"按钮，弹出"新建表格样式"对话框，在该对话框中可以设置数据、列表题和标题的样式，如图 6.23 所示。

图6.23 "新建表格样式"对话框

在"起始表格"选项区域中单击"选择起始表格"按钮，选择绘图窗口中以创建的表格作为新建表格样式的起始表格，单击其右边的按钮，可取消选择。

在"常规"选项区域的"表格方向（E）："下拉列表框中选择表的生成方向是向上或向下，该选项的下方白色区域形成表格的预览。

表格的单元有标题、表头和数据三种。在"单元样式"下的下拉列表中选择这三种单元，通过"常规"、"文字"、"边框"三个选项卡便可对每种单元样式进行设置。

6.4.2) 创建表格

"创建表格"命令用于图形中表格的创建，从而对图形进行注释和说明。创建表格对象时，首先产生一个空表格，然后在表格的单元格中添加数据内容。

- 命令行：在命令行中输入 table。
- 菜单栏：选择"绘图" > "表格"命令。
- 工具栏：单击"表格"工具栏中的"表格"按钮。

例 6.2 绘制表格。

操作步骤：

① 选择"绘图" > "表格"命令，弹出"插入表格"对话框，如图 6.24 所示。

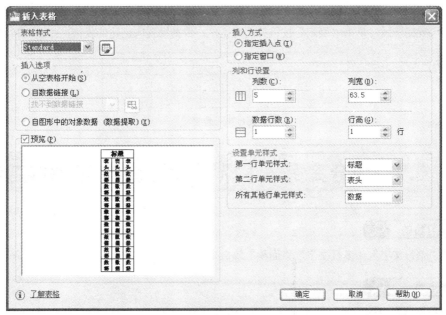

图6.24 "插入表格"对话框

② 在左侧"表格样式"下拉列表框中选择一种表格样式，或单击其右侧的⬛按钮，可以创建一个新的表格样式。在"插入选项"选项组中选择表格的创建方式。如果选中"从空表格开始"，创建可以手动填充数据的空表格。如果选中"自数据链接"，可以从外部电子表格中的数据创建表格。单击下拉列表旁边的按钮⬛，弹出"选择数据链接"对话框，进行数据链接设置，如图 6.25 所示。如果选择"自图形中的对象数据"，可以启动"数据提取"向导。

图6.25 "选择数据链接"对话框

③ 在"插入表格"对话框中右侧"插入方式"选项组中选择表格的插入方式。如果选中"指定插入点"单选按钮，则需要在视口中指定表格左上角的位置。如果使用鼠标定位也可以在命令行中输入坐标值。如果表格样式将表格的方向设置为由上而下读取，则插入点位于表格的左下角。如果选中"指定窗口"单选按钮，则需要指定表格的大小和位置，可以使用定点设备，也可以在命令提示下输入坐标值。选定此选项时，行数、列数、列宽和行高取决于窗口的大小以及列和行的设置。

④ 在"行和列设置"选项组中，根据需要设置要插入表格的行和列的数目，以及对应的列宽和行高。设置完毕后，单击"确定"按钮关闭对话框，根据设置所创建的表格，如图 6.26 所示。

图6.26　表格

6.5　综合案例——标注别墅底层平面图文字

学习目的

熟悉"单行文字"、"多行文字"、"面积"等命令。

重点难点

◎ 单行文字命令的使用

◎ 多行文字命令的使用

◎ 面积命令的使用

本实例绘制的"标注别墅底层平面图文字"，最终效果图如图 6.27 所示。

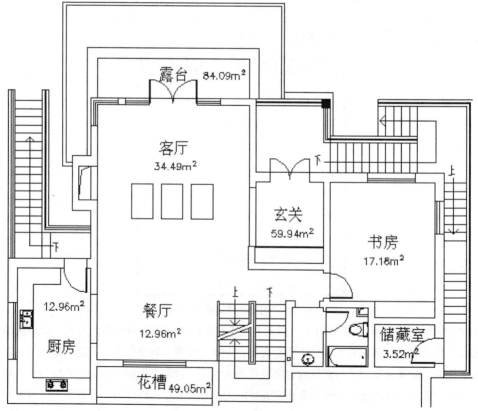

图6.27　别墅底层平面图文字

操作步骤

1. 打开文件

Step 01 单击菜单栏中的"打开"按钮，弹出"选择文件"对话框，如图 6.28 所示。

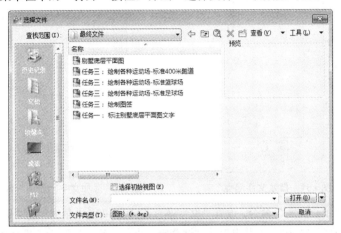

图6.28 "选择文件"对话框

Step 02 选择打开文件为"别墅底层平面图 .dwg"。

2. 标注别墅底层平面图

Step 01 单击"图层"工具栏中的"图层特性管理器"命令按钮，调出"图层特性管理器"对话框，新建一个名称为"文字标注"的图层，单击鼠标右键，将"文字标注"图层设置为"当前"图层，如图 6.29 所示。

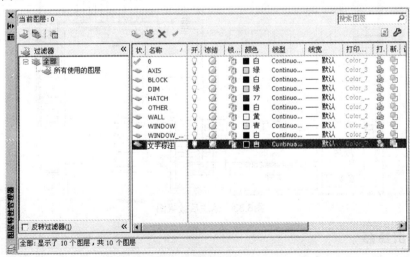

图6.29 "图层特性管理器"对话框

Step 02 选择"工具" > "工具栏" > "AutoCAD" > "文字" > "单行文字"命令，调出"文字"工具栏，如图 6.30 所示。

图6.30 调出"文字"工具栏

Step 03 在添加文字区域单击指定文字起点，设置"文字高度"为"400"，"角度"为"0"，如图 6.31 所示。

Step 04 输入要添加的文字"厨房"，如图 6.32 所示。

图6.31　指定文字起点　　　　　图6.32　添加文字"厨房"效果

Step 05 重复"单行文字"命令，设置"文字高度"为"400"，"角度"为"0"，将"露台"、"客厅"、"餐厅"、"玄关"、"花槽"、"书房"和"储藏室"进行标注，标注后效果如图 6.33 所示。

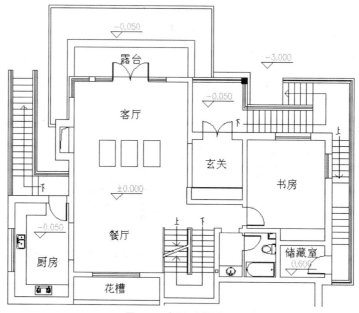

图6.33　标注后效果图

知识要点

　　创建单行文字时，要指定文字样式并设置对齐方式。文字样式是设置文字对象的默认特征。对齐方式决定字符的哪一部分与插入点对齐。可以在单行文字中插入字段，字段是设置为显示可能会修改的数据的文字。

3．查询厨房的面积

Step 01 选择"工具">"查询">"面积"命令，如图 6.34 所示。

图6.34　选择"面积"命令

Step02 依次单击厨房的几个角点，按【Enter】键，显示厨房面积，如图 6.35 所示。

图6.35　显示厨房面积

4．标注别墅底层平面图

Step01 单击工具栏中的"多行文字"按钮 A ,在厨房的空白处按住鼠标左键,拖曳出一个区域,效果如图 6.36 所示。

Step02 在确认了输入区域以后，会调出"文字格式"选项面板，输入查询出的厨房面积，效果如图 6.37 所示。

图6.36　单击"多行文字"后效果

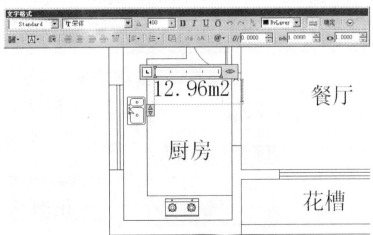

图6.37　"文字格式"选项面板

Step 03 选中上一步所输入的文字，对文字的字体和大小进行调整，在"文字"下拉菜单中将字体样式改为"Simplex"，文字大小改为"250"，效果如图 6.38 所示。

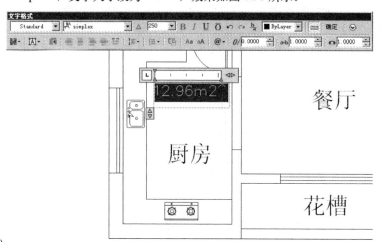

图6.38 调整字体格式

注 意

输入文字之前，应指定文字边框的对角点。文字边框用于定义多行文字对象中段落的宽度。多行文字对象的长度取决于文字量，而不是边框的长度。可以用夹点移动或旋转多行文字对象。

知识要点

"多行文字"功能区上下文选项卡及在位文字编辑器将显示顶部带有标尺的边界框。如果功能区未处于活动状态，则还将显示"文字格式"工具栏。

Step 04 选中"2^"字符，单击"文字格式"对话框中的"a/b"按钮，转换文字样式，效果如图 6.39 所示。

Step 05 单击"确定"按钮，完成厨房面积的标注，效果如图 6.40 所示。

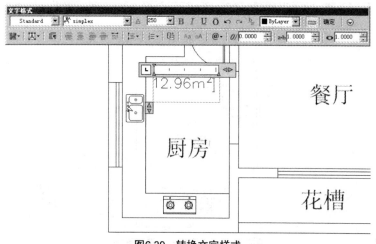

图6.39 转换文字样式

图6.40 厨房面积标注

知识要点

文字的大多数特征由文字样式控制。文字样式设置默认字体和其他选项，如行距、对正和颜色等。可以使用当前文字样式或选择新样式。默认设置为"standard"文字样式。

Step 06 重复利用"查询"命令，对其他功能房间的面积进行查询，并重复利用"多行文字"命令，对各功能房间面积进行标注，标注后效果如图 6.41 所示。

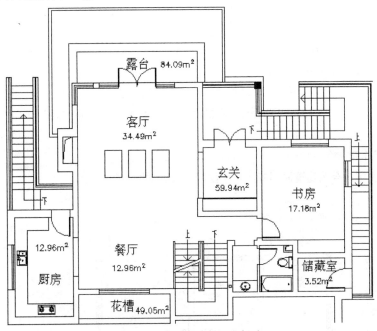

图6.41　各功能房间面积标注

Step 07 选择"文件">"保存"命令，对图形文件进行保存。保存文件名称为"别墅底层平面图文字标注图"，文件格式为 .dwg，如图 6.42 所示。

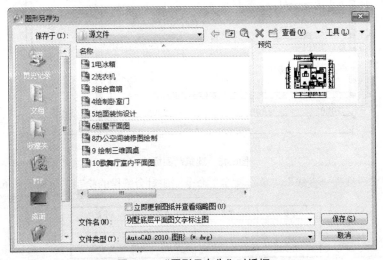

图6.42　"图形另存为"对话框

6.6 习题

一、填空题

1. 建单行文字的命令是 _____，编辑单行文字的命令是 _____。

2. 建多行文字的命令是 _____，编辑多行文字的命令是 _____。

二、选择题

1. 行文字的命令是（　　）。

A. mt   B. dt   C. tt   D. rt

2. 文字样式设置效果中不包括（　　）。

A. 颠倒   B. 反向   C. 垂直   D. 向外

3. 格使用（　　）以一种简洁清晰的形式提供信息，常用于一些组件的图形中。

A. 行和列   B. 行   C. 列   D. 单元格

三、上机操作题

1. 用多行文字命令为建筑制图标注文字注释，效果如图 6.43 所示。

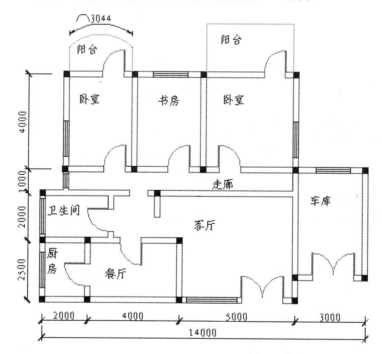

图6.43　建筑制图标注

2. 运用"多段线"、"直线"、"单行文字"命令完成对会签栏的绘制，效果如图 6.44 所示。

专业	实名	签名	日期

图6.44　会签栏

第7章 尺寸标注

尺寸标注是室内设计绘图中的一项主要内容。由于图形主要用来反映对象的形状，而对象的真实大小以及相互间的位置只有通过标注尺寸才能确定下来。文字标注在尺寸标注中起到了重要的注释和说明作用。本章主要介绍尺寸标注的基本知识，常用的标注尺寸命令以及尺寸标注的编辑修改工具。

→ 学习目标

- 掌握尺寸样式的设置
- 掌握常用的尺寸标注
- 掌握对尺寸标注编辑

7.1 尺寸样式设置

一张完整的图纸中除了需要用图形和文字来表示对象之外，还需要用尺寸标注来说明尺寸大小。尺寸既是机械图样中不可缺少的内容，也是绘制室内设计图样时最容易出错的环节，对传达有关设计元素的尺寸和材料等信息有着非常重要的作用，因此在对图形进行标注前，应先了解标注的组成、类型和规则及步骤等。

7.1.1 新建标注样式

1. 执行方式

● 命令行：在命令行中输入 dimstyle。

● 菜单栏：选择"格式">"标注样式"命令。

● 工具栏：单击"样式"工具栏上的按钮 或单击"标注"工具栏上的按钮 。

执行上述操作后，弹出"标注样式管理器"对话框，如图 7.1 所示。

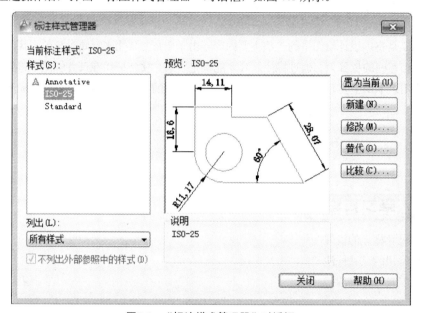

图7.1 "标注样式管理器"对话框

在该对话框中，系统提供了一个默认的标注样式"ISO-25"，用户可以根据该样式为基础创建新的标注样式。

在"标注样式管理器"对话框中可以对样式进行新建、修改及替代等操作。单击"新建"按钮，弹出"创建新标注样式"对话框，如图 7.2 所示。在该对话框中，可以在"新样式名"文本框输入新样式名；"基础样式"下拉列表框用来选择新样式的基础样式；"用于"下拉列表框用来设置该新样式适用于哪个特定标注类型。

图7.2 "创建新标注样式"对话框

单击"继续"按钮，弹出"新建标注样式"对话框，如图 7.3 所示。在该对话框中可以设置尺寸标注样式的各个参数。

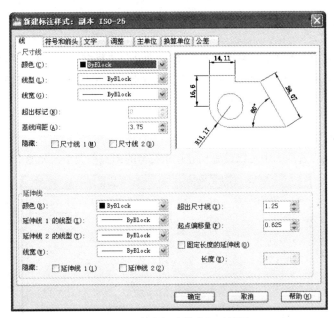

图7.3 "新建标注样式"对话框

2."新建标注样式"对话框选项卡说明

（1）"线"选项卡

在"尺寸线"选项组中,可以设置尺寸线的颜色、线宽、超出标记以及基线间距等,如图7.4所示。

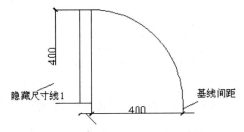

图7.4 "尺寸线"选项组设置属性效果

在"延伸线"选项组中，可以设置延伸线的颜色、线宽、超出尺寸线的长度和起点偏移量、隐藏控制等，如图7.5所示。

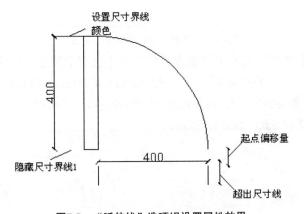

图7.5 "延伸线"选项组设置属性效果

知识要点

　　在"尺寸线"和"延伸线"选项组中，"颜色"、"线型"、"线宽"、"延伸线1"和"延伸线2"均设置为"byblock"，在进行尺寸标注时，采用这样的设置可以保持这些特性与标注尺寸的图层设置特性相一致。

（2）"符号和箭头"选项卡

在"符号和箭头"选项卡中可以设置尺寸起止符号的形式和大小，如图7.6所示。

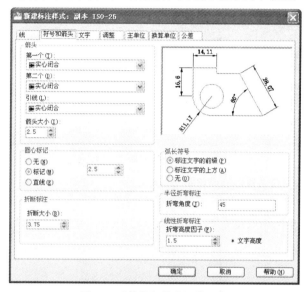

图7.6　"符号和箭头"选项卡

为了适用于不同类型的图形标注需要，AutoCAD 设置了 20 多种箭头样式，可以从对应的下拉列表框中选择箭头，并在"箭头大小"文本框中设置其大小。也可在下拉列表框中选择"用户箭头"选项，打开"选择自定义箭头块"对话框自定义箭头，如图7.7 所示。

图7.7　"选择自定义箭头块"对话框

在"从图形块中选择"文本框内输入当前图形中已有的块名，然后单击"确定"按钮，AutoCAD 将以该块作为尺寸线的箭头样式，此时块的插入基点与尺寸线的端点重合。

在"弧长符号"选项组中，可以设置弧长符号显示的位置，包括"标注文字的前缀"、"标注文字的上方"和"无"3 种方式，如图 7.8 所示。

图7.8　弧长符号显示的位置

（3）"文字"选项卡

单击"文字"选项卡，如图 7.9 所示，可以设置尺寸文字的外观、位置和对齐方式等。

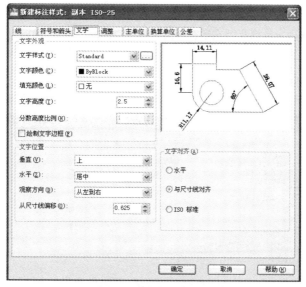

图7.9 "文字"选项卡

- "文字样式"下拉列表：可对标注的文字样式进行选择，或者单击按钮，打开"文字样式"对话框，进行文字样式的选择或新建。也可以通过 Dimtxsty 变量进行设置。
- "文字颜色"下拉列表：对标注的文字进行颜色的设置，也可以通过 Dimctrl 变量进行设置。
- "文字高度"文本框：可对标注文本的高度进行设置，也可以使用变量 Dimtxt 进行设置。
- "分数高度比例"文本框：可对标注文字中的分数相对于其他标注文字的比例进行设置。将该比例值与标注文字高度的乘积作为分数的高度。
- "垂直"下拉列表：用于控制尺寸文字在垂直方向的对齐位置，如图 7.10 所示。

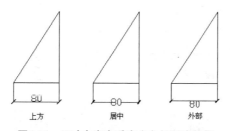

图7.10 尺寸文字在垂直方向的对齐位置

- "水平"下拉列表：可对标注文字相对于尺寸线和延伸线在水平方向的位置进行设置，如图 7.11 所示。

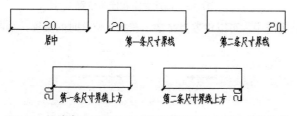

图7.11 标注文字相对于尺寸线和延伸线在水平方向的位置

- "从尺寸线偏移"文本框：用来设置尺寸文字与尺寸线间的距离。
- "水平"选项：可以使尺寸文字始终保持水平。
- "与尺寸线对齐"选项：可以使尺寸文字与尺寸线对齐。
- "ISO 标准"选项：是当尺寸文字在两条延伸线之间时，与尺寸线对齐，否则尺寸文字水平放置。

（4）"调整"选项卡

如图 7.12 所示，在"调整"选项卡中可以设置标注特性比例，调整文字的放置位置等。

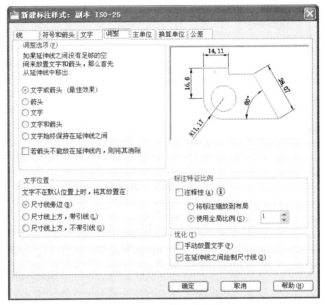

图7.12　"调整"选项卡

在"调整选项"选项组中，可以确定当延伸线之间没有足够的空间同时放置标注文字和箭头时，应从延伸线之间移出对象，如图 7.13 所示。

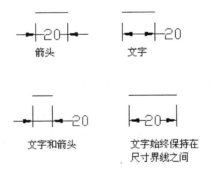

图7.13　标注文字和箭头位置

在"文字位置"选项组中，可以设置当文字不在默认位置时的位置，如图 7.14 所示。

图7.14　文字不在默认位置时的位置

在"标注特征比例"选项组中，可以设置标注尺寸的特征比例，以便通过设置全局比例来增加或减少各标注的大小，如图 7.15 所示。

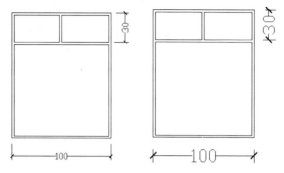

图7.15 标注尺寸的特征比例

在"优化"选项组中，可以对标注文本和尺寸线进行细微调整。

● "手动放置文字"复选框：选中该复选框，则忽略标注文字的水平设置，在标注时可将标注文字放置在指定的位置。

● "在延伸线之间绘制尺寸线"复选框：选中该复选框，当尺寸箭头放置在延伸线之外时，也可在延伸线之内绘制出尺寸线。

（5）"主单位"选项卡

如图 7.16 所示，"主单位"选项卡用来设置尺寸标注的主单位和精度，以及给尺寸文本添加固定的前缀或后缀。

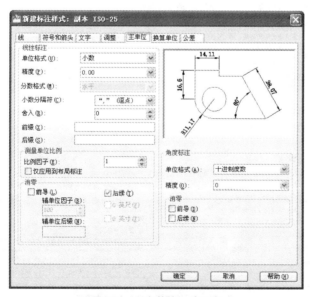

图7.16 "主单位"选项卡

7.1.2 删除标注样式

在"标注样式管理器"对话框中的"样式"列表框中，通过右击某个标注可对其进行删除和重命名操作，如图 7.17 所示。

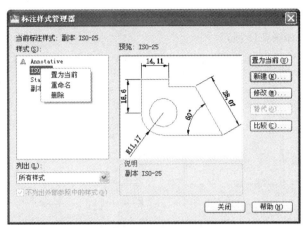

图7.17 "标注样式管理器"对话框

7.1.3 修改标注样式

如果标注的尺寸需要修改，可通过单击"标注样式管理器"对话框的"修改"按钮来完成，此时会弹出"修改标注样式"对话框，如图 7.18 所示。在此对话框中可设置相应的选项来对标注样式进行修改，各选项设置与前面所讲一样，只不过前者是新建样式，后者则为修改样式。

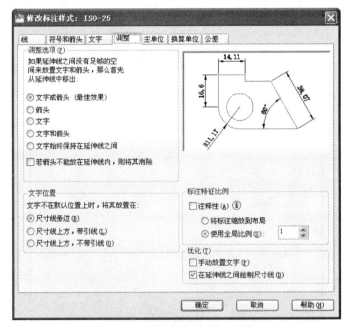

图7.18 "修改标注样式"对话框

7.1.4 替代标注样式

单击"标注样式管理器"对话框中的"替代"按钮，弹出"替代当前样式"对话框，在此可对不同的样式进行比较，如图 7.19 所示。

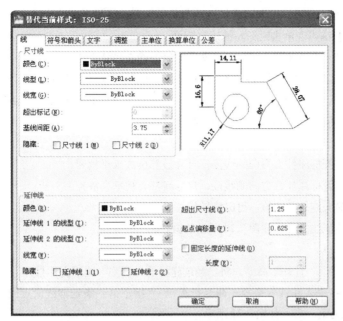

图7.19 "替代当前样式：ISO-25"对话框

7.2 尺寸样式类型

在了解了尺寸标注的组成与规则、标注样式的创建和设置方法后，下面介绍如何使用标注工具标注图形。AutoCAD 2012 提供了完善的标注命令，如使用"直径"、"半径"、"角度"、"线性"、"圆心标记"等标注命令，可以对直径、半径、角度、直线及圆心位置等进行标注。

7.2.1 线性标注

在设计过程中，通常需要对图形的长度进行尺寸标注，在 AutoCAD 中可以使用"线性"标注。线性标注用于标注图形对象的线性距离或长度，包括水平标注、垂直标注和旋转标注三种类型。水平标注用于标注对象上的两点在水平方向上的距离，尺寸线沿水平方向放置；垂直标注用于标注对象上的两点在垂直方向的距离，尺寸线沿垂直方向放置；旋转标注用于标注对象上的两点在指定方向上的距离，尺寸线沿旋转角度方向放置。

启动"线性"标注命令的执行方式如下。

● 命令行：在命令行中输入 dimlinear。

● 菜单栏：选择"标注">"线性"命令。

● 工具栏：单击"标注"工具栏中的"线性"标注按钮▯。

调用"线性"标注命令，可创建用于标注用户坐标系 XY 平面中的两个点之间的距离测量值，并通过指定点或选择一个对象来实现，命令行提示："指定第一条延伸线原点或＜选择对象＞:"。

选择对象后，命令行提示："指定尺寸线位置或 [多行文字（M）/ 文字（T）/ 角度（A）/ 水平（H）/ 垂直（V）/ 旋转（R）]:"，其中各项的具体说明如下所示。

- ● "指定尺寸线位置"：用于确定尺寸线的位置。用户可以移动鼠标选择合适的尺寸线位置，按【Enter】键或者单击鼠标左键确定即可。
- ● "多行文字"：选择此项，可用多行文字编辑器确定尺寸文字。
- ● "文字"：可以单行文字的形式输入标注文字，选择该项后，系统提示："输入标注文字＜默认值＞:"，其中默认值是系统自动测量得到的被标注线段的长度，直接按【Enter】键即可采用此长度值，也可以输入其他的值替代默认值。
- ● "角度"：用于设置尺寸文本的倾斜角度。
- ● "水平"：不管标注什么方向的线段，尺寸线都会被水平放置。
- ● "垂直"：不管标注什么方向的线段，尺寸线都会被垂直放置。
- ● "旋转"：输入旋转角度值，可以旋转标注尺寸。

例 7.1　用线性标注方式标注图 7.20 所示的窗户。

操作步骤：

① 选择"文件"＞"打开"命令，将已经创建好的"窗户"图形文件打开。

② 选择"标注"＞"线性"命令，命令行提示："指定第一条延伸线原点或（选择对象）"，这里先捕捉左上角点为第一点，如图 7.21 所示。

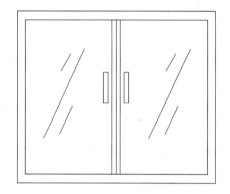

图7.20　窗户

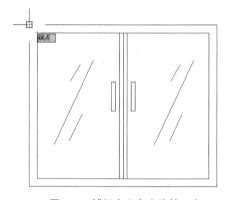

图7.21　捕捉左上角点为第一点

③ 根据命令行提示："指定第二条延伸线原点"，捕捉窗户左下角为第二点，这样得到窗户左边外框尺寸标注，如图 7.22 所示。

④ 再次调用"线性"标注命令，分别标注窗户的其他几边的长度尺寸，如图 7.23 所示。

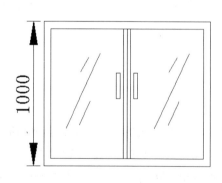

图7.22　捕捉窗户左下角为第二点

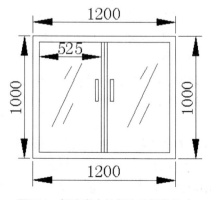

图7.23　标注窗户的各边的长度尺寸

7.2.2 连续标注

连续标注是指创建一系列首尾相连放置的标注，每个连续标注都从前一个标注的第二条延伸线处开始。执行方式如下。

● 命令行：在命令行中输入 dimcontinue。

● 菜单栏：选择"标注">"连续"命令。

● 工具栏：单击"标注"工具栏中的"连续"标注按钮 ├┤┤。

调用"连续"标注命令后，命令行提示："指定第二条延伸线原点或 [放弃（U）/ 选择（S）] <选择>：",其中各选项与基线标注中的完全相同，请参照基线标注。

对图 7.24 进行连续标注，效果如图 7.25 所示。

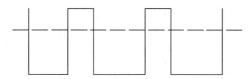

图7.24 进行连续标注

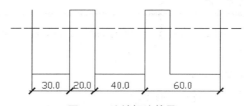

图7.25 连续标注效果

例 7.2 连续标注，结果如图 7.26 所示。

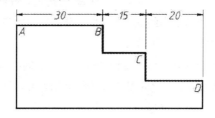

图7.26 连续标注

操作步骤：

① 选择"标注">"线性"命令，命令行提示：

指定第一条尺寸界线原点或<选择对象>：   //捕捉A点并单击

指定第二条尺寸界线原点：   //捕捉B点并单击

指定尺寸线位置或[多行文字(M)/文字(T)/角度(A)/水平(H)/垂直(V)/ 旋转(R)]：   //在直线段AB 上适当位置选择一点以确定尺寸线的位置

② 选择"标注">"连续"命令，命令行提示：

指定第二条尺寸线原点或[放弃(U)/选择(S)]<选择>：   //捕捉C点并单击

指定第二条尺寸线原点或[放弃(U)/选择(S)]<选择>：   //捕捉D点并单击

指定第二条尺寸线原点或[放弃(U)/选择(S)]<选择>：   //按【Esc】键

7.2.3 快速标注

快速标注命令可使用户交互、动态、自动化地进行尺寸标注。在快速尺寸标注命令中可以同时选择多个圆或圆弧标注直径或半径，也可同时选择多个对象进行基线标注和连续标注，选择一次即可完成多个标注，因此可节省时间，提高工作效率。

执行方式如下。

● 命令行：在命令行中输入命令 qdim。

● 菜单栏：选择"标注" > "快速标注"命令。

● 工具栏：单击"标注"工具栏中的"快速标注"按钮 。

调用"快速"标注命令后，命令行提示：

"关联标注优先级 = 端点选择要标注的几何图形"，选择要标注的尺寸的多个对象后按【Enter】键，系统提示："指定尺寸线位置或 [连续 (C)/ 并列 (S)/ 基线 (B)/ 坐标 (O)/ 半径 (R)/ 直径 (D)/ 基准点 (P)/ 编辑 (E)/ 设置 (T)] < 连续 > :"。

7.2.4 对齐标注

对齐标注是指标注两点之间的实际长度。对齐标注的尺寸线平行于两点的连线。

执行方式如下。

● 命令行：在命令行中输入 dimaligned。

● 菜单栏：选择"标注" > "对齐"命令。

● 工具栏：单击"标注"工具栏中的"对齐标注"按钮 。

调用"对齐"命令后，命令行提示："指定点坐标:"，指定要标注坐标的点，系统会把这个点作为指引线的起点，并且提示："指定引线端点或 [X 基准（X）/Y 基准（Y）/ 多行文字（M）/ 文字（T）/ 角度（A）]:"。各选项具体说明如下。

● "指定引线端点"：用于确定另一点。可根据这两个点之间的坐标差决定是生成 X 坐标尺寸还是 Y 坐标尺寸。如果这两个点之间 Y 坐标的距离相差大，就生成 X 坐标；否则生成 Y 坐标。

● "X 基准"：用于生成该点的 X 坐标。

● "Y 基准"：用于生成该点的 Y 坐标。

对齐标注效果如图 7.27 所示。

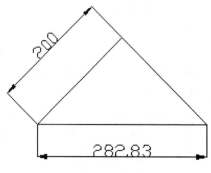

图7.27　对齐标注

7.2.5 弧长标注

弧长标注用于测量圆弧或多段线弧线段上的距离。弧长标注的典型用法包括测量围绕凸轮的距离或表示电缆的长度。为区别它们是线性标注还是角度标注，在默认情况下，弧长标注将显示一个圆弧符号。

执行方式如下。

- 命令行：在命令行中输入 dimarc。
- 菜单栏：选择"标注" > "弧长"命令。
- 工具栏：单击"标注"工具栏中的"弧长标注"按钮 。

调用"弧长"标注命令后，命令行提示："选择弧线段或多段线弧线段："，选择弧段后，系统提示："指定弧长标注位置或 [多行文字（M）/ 文字（T）/ 角度（A）/ 部分（P）/ 引线（L）] : "。

7.2.6 坐标标注

应用坐标标注可以标明位置点相对于当前坐标系原点的坐标值，它是由 X 坐标或 Y 坐标和引线组成。坐标标注一般在机械绘图中应用比较多。

- 命令行：在命令行中输入命令 dimordinate。
- 菜单栏：选择"标注" > "坐标"命令。
- 工具栏：单击"标注"工具栏中的"坐标"标注按钮 。

使用坐标标注的操作步骤如下。

① 选择"工具" > "新建 UCS" > "原点"命令，将用户坐标设置到图中的 A 点。

② 选择"标注" > "坐标"命令，创建点 B 的坐标标注，先指定点 B，向右水平拖曳鼠标，创建 B 点的 Y 坐标标注，向右下方拖曳鼠标，创建 B 点的 X 坐标标注。

③ 重复以上操作，创建各点的 X 和 Y 坐标标注，最终结果如图 7.28 所示。

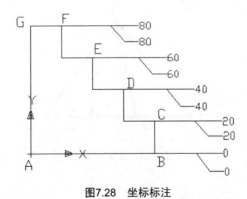

图7.28 坐标标注

7.2.7 直径标注

半径标注就是标注圆或圆弧的半径尺寸。直径标注就是标注圆或圆弧的直径尺寸。圆心标记用于给指定的圆弧画出圆心符号，标记圆心，其标记可以为短十字线，也可以是中心线。

启用弧长标注命令的执行方式如下。

● 命令行：在命令行中输入 dimradius/dimdiameter/dimcenter。

● 菜单栏：选择"标注">"半径／直径／圆心标记"命令。

● 工具栏：单击"标注"工具栏中的"半径"标注按钮⊙／"直径"标注按钮◎／"圆心标记"按钮⊙。

调用"半径"标注命令后，命令行提示："选择圆弧或圆："，选择后系统提示："指定尺寸线位置或 [多行文字 (M)/ 文字 (T)/ 角度 (A)]："，用户可根据自己的需要选择任意一项来输入或编辑尺寸文本或确定尺寸文本的倾斜角度，也可以通过直接确定尺寸线位置标注出指定圆或圆弧的半径。

调用"直径"标注命令后，命令行提示："选择圆弧或圆："，选择后系统提示："指定尺寸线位置或 [多行文字 (M)/ 文字 (T)/ 角度 (A)]："，用户可根据自己的需要选择任意一项来输入或编辑尺寸文本或确定尺寸文本的倾斜角度，也可以通过直接确定尺寸线位置标注出指定圆或圆弧的直径。

调用"圆心标记"命令后，命令行提示："选择圆弧或圆："，选择要标注中心或中心线的圆弧或圆。

7.2.8 角度标注

角度标注用于标注两条不平行直线之间的角度、圆和圆弧的角度或三点之间的角度。

执行方式如下。

● 命令行：在命令行中输入 dimanglar。

● 菜单栏：选择"标注">"角度"命令。

● 工具栏：单击"标注"工具栏中的"角度"标注按钮△。

调用"角度"标注命令后，命令行提示：

选择圆弧、圆、直线或＜指定顶点＞:

例 7.3　角度标注，结果如图 7.29 所示。

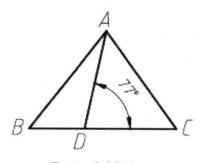

图7.29　角度标注

操作步骤：

选择"标注">"角度"命令，命令行提示：

选择圆弧、圆、直线或<指定顶点>:　　　//选择直线AD

选择第二条直线:　　　//选择直线DC

指定标注弧线位置或[多行文字(M)／文字(T)／角度(A)]:　　//在角ADC 内侧指定一点以确定尺寸线的位置，得到如图所示的标注结果

7.2.9　基线标注

基线标注是以某一个尺寸标注的第一条延伸线为基线，创建另一个尺寸标注，这种方法通常应用于机械设计和室内设计中。

执行方式如下。

- 命令行：在命令行中输入 dimbaseline。
- 菜单栏：选择"标注">"基线"菜单命令。
- 工具栏：单击"标注"工具栏中的"基线"命令按钮 。

调用"基线"标注命令后，命令行提示："指定第二条延伸线原点或 [放弃（U）/选择（S）] <选择>:"。各选项具体说明如下。

- "指定第二条延伸线原点"：用来直接确定另一个尺寸的第二条延伸线的起点，系统以上次标注的尺寸为基准标注出相应尺寸。
- "选择"：在上述提示下直接按【Enter】键，命令行提示："选择基准标注："，用户选取作为基准的尺寸标注。

例 7.4　基线标注，结果如图 7.30 所示。

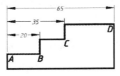

图7.30　基线标注

操作步骤：

① 选择"标注">"线性"命令，命令行提示：

指定第一条尺寸界线原点或<选择对象>: //按【Enter】键

选择标注对象:　　//拾取直线段AB

指定尺寸线位置或[多行文字(M)/文字(T)/角度(A)/水平(H)/垂直(V)/ 旋转(R)]:　　//在直线段AB上适当位置选择一点以确定尺寸线的位置

② 选择"标注">"基线"命令，命令行提示：

指定第二条尺寸界线原点或[放弃(U)/选择(S)]<选择>:　　//捕捉C点并单击

指定第二条尺寸界线原点或[放弃(U)/选择(S)]<选择>:　　　　//捕捉D点并单击

指定第二条尺寸界线原点或[放弃(U)/选择(S)]<选择>:　　　　//按【Esc】键，得到如图所示的标注结果

7.2.10　快速引线标注

利用引线标注可以创建带有一个或多个引线、多种格式的注释文字及多行旁注和说明等，还可以标注特定的尺寸，如圆角、倒角等。

1. 利用 qleader 命令进行引线标注

利用 qleader 命令可以快速生成指引线及注释，并且可以通过"命令行优化"对话框进行用户自定义，由此可以消除不必要的命令行提示，达到最高的工作效率。

　　在命令行输入 qleader。在对图形进行引线标注前，可以先对引线格式进行设置。调用了"引线"命令后，命令行提示："指定第一个引线点或 [设置（S）] < 设置 >:"，输入 s，弹出"引线设置"对话框，如图 7.31 所示。

图7.31　"引线设置"对话框

命令行中的各项提示说明如下。

● "指定第一个引线点"：在提示下确定一点作为指引线的第一点，命令行提示："指定下一点："，输入指引线的第二点，接着提示："指定下一点："，输入指引线的第三点。输入完指引线的各点后系统提示："指定文字宽度 <0.0000>:"，输入多行文本的宽度，接着提示："输入注释文字的第一行 < 多行文字（M）>:"，可根据提示信息进行选择。

● "设置"：选择此项，打开"引线设置"对话框，可以对引线标注进行设置。"引线设置"对话框包含 3 个选项卡："注释"、"引线和箭头"和"附着"。

● "注释"：设置引线标注中的注释文本的类型、多行文字的格式，并确定注释文本是否多次使用。"注释"选项卡如图 7.31 所示。

● "引线和箭头"：设置引线和箭头格式。其中，"点数"选项组用于设置执行 qleader 命令时命令行提示输入的点的数目。需注意的是，设置的点数要比用户希望的指引线的段数多 1，可以利用微调框来进行设置，如果选中"无限制"复选框，系统会一直提示用户输入点直到连续按【Enter】键两次为止。"角度约束"选项组设置第一段和第二段指引线的角度约束。"引线和箭头"选项卡如图 7.32 所示。

图7.32　"引线和箭头"选项卡

● "附着"：设置引线和多行文本注释的附着位置。"附着"选项卡如图 7.33 所示。设置好引
线的各个选项后，命令行提示："指定第一个引线点或 [设置 (S)]< 设置 >:"，指点引线的起点。
继续提示："指定下一点："，指定引线的第二点。系统继续提示："指定文字宽度 <0>:"，
指定标注文本的宽度。最后命令行提示："输入注释文字的第一行 < 多行文字 (M)>:"，通过
单行文本或多行文本编辑器对引线进行文本标注。

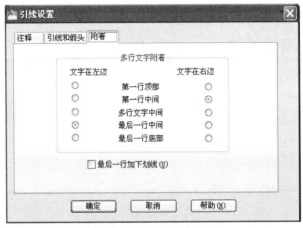

图7.33　"附着"选项卡

2. 利用 leader 命令进行引线标注

利用 leader 命令可以灵活创建多样的引线标注形式，用户可以根据自己的需要把指引线设置成
折线或者曲线；指引线的端部可以有箭头，也可以没有箭头。

在命令行输入 leader 命令。调用该命令后，命令行提示："指定引线起点："，输入起点后，命
令行提示："指定下一点:"，输入指引线的另一点，系统便可由这两点画出指引线，并继续提示："指
定下一点或 [注释（A）/ 格式（F）/ 放弃（U）]："。

各选项具体说明如下。

● "指定下一点"：可直接输入一点，系统会根据前面的点画线作为指引线。

● "注释"：输入注释文本，此项为默认项。在提示下直接按【Enter】键，命令行提示："输入
注释文字的第一行或 < 选项 >:"，若选择 "输入注释文字的第一行"，在此提示下输入第一
行文本后按【Enter】键，可以继续输入第二行文本，这样反复执行，直到输入全部注释文本，
然后在此提示下直接按【Enter】键，系统便会在指引线终端标注出所输入的多行文本，并
结束 leader；如果直接按【Enter】键，命令行提示："输入注释选项 [公差（T）/ 副本（C）/
块（B）/ 无（N）/ 多行文字（M）] < 多行文字 >:"，在此提示下选择一个注释选项或直接
按【Enter】键，即选择 "多行文字" 选项。

● "格式"：确定指引线的形式。选择此项则命令行提示："输入引线格式选项 [样条曲线 (S)/
直线 (ST)/ 箭头 (A)/ 无 (N)] < 退出 >:"。"样条曲线":用于将指引线设置为样条曲线；"直线"：
用于将指引线设置为折线；"箭头"：用于在指引线的起始位置画箭头；"无"：用于在指引
线的起始位置不画箭头；"退出"：此项为默认项，选择该项则退出 "格式" 选项，返回至 "指
定下一点或 [注释（A）/ 格式（F）/ 放弃（U）]："。

7.3 编辑尺寸标注

在 AutoCAD 2012 中，可以对已标注对象的文字、位置及样式等内容进行修改，而不必删除所标注的尺寸对象再重新进行标注。

7.3.1 编辑标注

编辑标注用来改变标注对象的文字及延伸线等。

执行方式如下。

● 命令行：在命令行中输入 dimedit。

● 工具栏：单击"标注"按钮 。

执行上述命令后，命令行提示：

输入标注编辑类型 ［默认(H)/新建(N)/旋转(R)/倾斜(O)］〈默认〉:

各选项的含义如下。

● 默认：按默认位置放置尺寸文本，执行该项时会有如下提示：

选择对象: //选择尺寸对象

该尺寸对象将按默认位置方向放置。

● 新建：修改指定尺寸对象的尺寸文本，执行该选项时会弹出"多行文本编辑器"对话框，用户在该对话框的输入框内输入新尺寸值，然后单击"确定"按钮会出现如下提示：

选择对象: //选取尺寸对象

执行此命令修改该尺寸对象的尺寸文本。

● 旋转：用来指定标注文字的旋转角度，如图 7.34 所示，命令行提示：

输入标注编辑类型 ［默认(H)/新建(N)/旋转(R)/倾斜(O)］〈默认〉: r

指定标注文字的角度   //输入角度

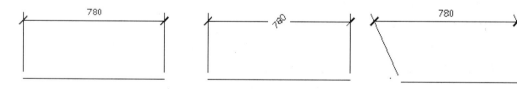

图7.34 标注文字旋转

● 倾斜：此项是针对延伸线进行编辑，用来指定线性延伸线的倾斜角度，命令行提示如下：

命令: dimedit

输入标注编辑类型 ［默认(H)/新建(N)/旋转(R)/倾斜(O)］〈默认〉: o

选择对象: //选择实体

选择尺寸标注对象后，命令行提示如下：

输入倾斜角度（按 Enter 表示无）:   //输入角度

7.3.2　编辑标注文字的位置

编辑文字标注的执行方式如下。

● 命令行：在命令行中输入 ddedit。

● 菜单栏：选择"修改">"对象">"文字">"编辑"命令。

● 工具栏：单击"文字"工具栏上的按钮 A。

● 鼠标：双击文字标注。

7.4　综合案例——标注别墅底层平面图尺寸

学习目的

熟悉"线性标注"、"连续标注"和"快速标注"等命令。

重点难点

◎ 线性标注命令的使用

◎ 连续标注命令的使用

◎ 快速标注命令的使用

本实例绘制的"标注别墅底层平面图尺寸"，其最终效果图如图 7.35 所示。

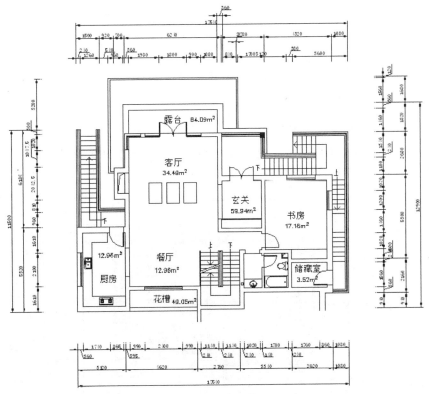

图7.35　标注别墅底层平面图尺寸

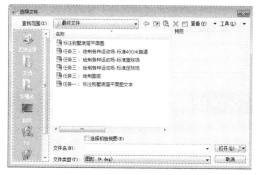

操作步骤

1. 打开文件

Step 01 单击菜单栏中的"打开"按钮,弹出"选择文件"对话框,如图 7.36 所示。

图7.36 "选择文件"对话框

Step 02 选择打开文件为"标注别墅底层平面图 .dwg"。

2. 标注别墅底层平面图尺寸

Step 01 单击"图层"工具栏中的"图层特性管理器"按钮 ，调出"图层特性管理器"界面,新建一个名称为"尺寸标注"的图层,并单击鼠标右键,将"尺寸标注"图层置为"当前"图层,如图 7.37 所示。

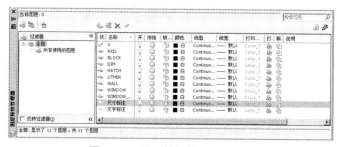

图7.37 "图层特性管理器"界面

Step 02 单击"绘图"工具栏中的"多段线"按钮 ，在平面图的四周绘制一条闭合的多段线,作为尺寸对象的定位辅助线,据图形的距离以适宜、美观为主,绘制效果如图 7.38 所示。

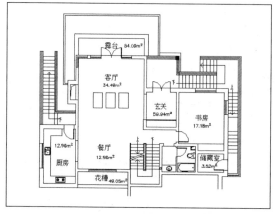

图7.38 绘制一条闭合的多段线

Step 03 选择"工具">"工具栏">"AutoCAD">"标注"命令,调出"标注"工具栏,如图 7.39 所示。

图7.39 "标注"工具栏

Step 04 单击"标注"工具栏中的"标注样式"按钮，调出"标注样式管理器"对话框,单击"替代"按钮，如图 7.40 所示。

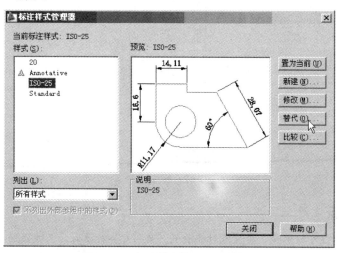

图7.40 "标注样式管理器"对话框

Step 05 单击"替代"按钮后,调出"替代当前样式:ISO-25"对话框,单击"调整"选项卡,将"文字位置"设置为"尺寸线上方,带引线",设置"全局比例因子"为"100",单击"确定"按钮,返回"标注样式管理器"对话框,单击"关闭"按钮关闭对话框,如图 7.41 所示。

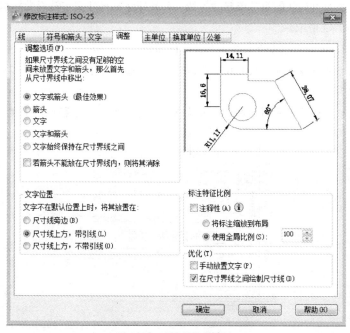

图7.41 "调整"选项卡

Step 06 单击"标注"工具栏中的"线性标注"按钮 □，选择标注原点，效果如图7.42所示。

命令：dimlinear　　//在命令行输入dimlinear

指定第一个尺寸界线原点或 <选择对象>：　//单击指定第一个尺寸界线原点

指定第二条尺寸界线原点：　//单击指定第二条尺寸界线原点

图7.42　线性标注

要点提示

　　线性标注可以水平、垂直或对齐放置。使用对齐标注时，尺寸线将平行于两尺寸延伸线原点之间的直线（想象或实际）。基线（或平行）和连续（或链式）标注是一系列基于线性标注的连续标注。

Step 07 单击"标注"工具栏中的"连续"按钮 □，水平移动光标，新的尺寸标注的第一条尺寸界线紧接着上一次尺寸标注的第二条尺寸界线，并且标注的尺寸文字随着光标水平移动而不断发生变化，效果如图7.43所示。

命令：dimcontinue　　//在命令行输入dimcontinue

指定第二条尺寸界线原点或 [放弃(U)/选择(S)] <选择>：　　//单击指定第二条尺寸界线原点

标注文字 = 1740

指定第二条尺寸界线原点或 [放弃(U)/选择(S)] <选择>：　　//按【Enter】键

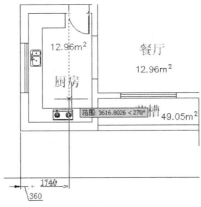

图7.43　连续标注

Step 08　重复单击"标注"工具栏中的"连续"按钮 ，对别墅底层平面图下方细部尺寸进行标注，效果如图7.44所示。

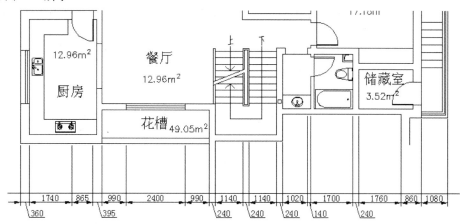

图7.44　别墅底层平面图下方细部尺寸标注

技巧

在执行"连续标注"命令的过程中，如果发现本次标注的结果有错误，可以在命令行输入"U"，执行"放弃"命令，取消这次标注的操作。

知识要点

基线标注是自同一基线处测量的多个标注。连续标注是首尾相连的多个标注。在创建基线或连续标注之前，必须创建线性、对齐或角度标注。可自当前任务的最近创建的标注中以增量方式创建基线标注。

Step 09　单击"标注"工具栏中的"快速标注"按钮 ，命令行提示："选择要标注的几何图形："，选中别墅底层平面图的各房间尺寸，如图7.45所示。

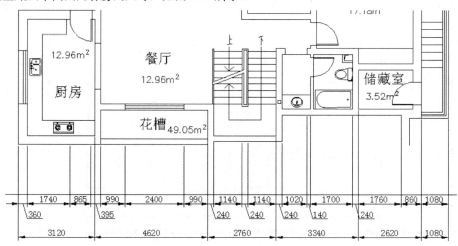

图7.45　别墅底层平面图的各房间尺寸

知识要点

标注是向图形中添加测量注释的过程。用户可以为各种对象沿各个方向创建标注。

Step 10 单击"标注"工具栏中的"线性标注"按钮 ⊢，重复"快速标注"命令，标注别墅平面图底层下部的外边框尺寸线，效果如图7.46所示。

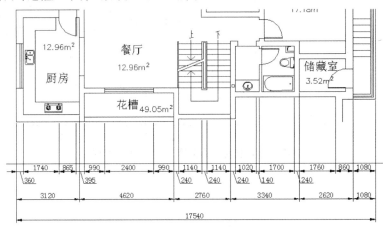

图7.46 别墅平面图底层下部的外边框尺寸

Step 11 按照上述方法，标注别墅底层平面图其他位置的尺寸，效果如图7.47所示。

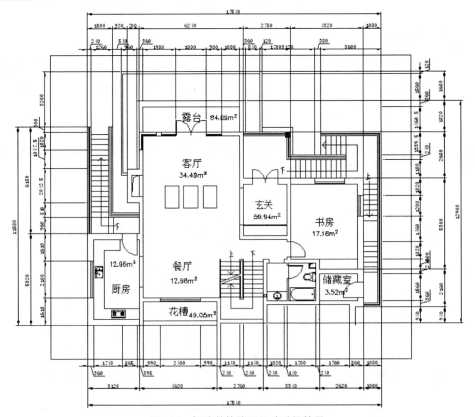

图7.47 标注其他位置尺寸后的效果

Step 12 单击"修改"工具栏中的"分解"按钮 🗗，将所标注的所有尺寸进行分解。

Step 13 单击"修改"工具栏中的"修剪"按钮 ／，修剪所有多余的尺寸线，使尺寸标注更为清晰。

Step 14 单击"修改"工具栏中的"删除"按钮 ✐，删除外框的定位辅助线，最终效果如图 7.48 所示。

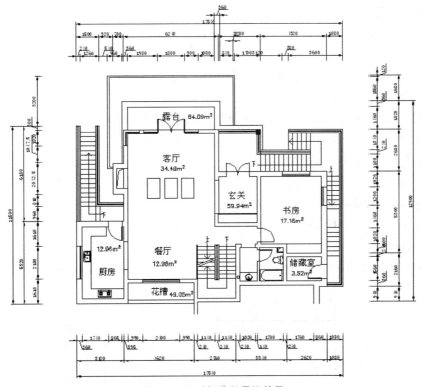

图7.48 尺寸标注的最终效果

Step 15 选择"文件">"保存"命令，对图形文件进行保存。文件名称为"别墅底层平面图尺寸标注图"，文件格式为 .dwg，如图 7.49 所示。

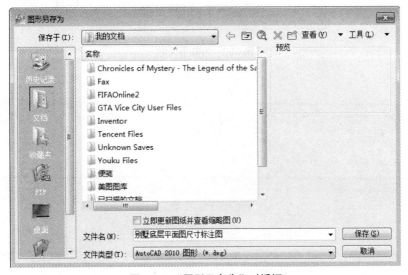

图7.49 "图形另存为"对话框

7.5 习题

一、填空题

1. 线性标注提供了 _____、_____ 和 _____ 三种标注类型。

2. _____ 命令用来从同一条基线绘制尺寸标注。

3. 使用 _____ 命令来完成半径标注的创建。

4. 引线标注由两部分标注对象组成，它们分别是 _____ 和 _____。

二、选择题

1. 工程图样中一个完整的尺寸标注由 4 个要素组成，即尺寸界线、（ ）、箭头和尺寸文字。

A. 尺寸线　　　　　B. 尺寸　　　　　C. 尺寸箭头　　　　　D. 界线

2. 下列哪些对象不可以分解？（ ）

A. 多行文字　　　　B. 样条曲线　　　　C. 尺寸　　　　　D. 多段线

3. 尺寸标注的快捷键是（ ）。

A. dco　　　　　　B. dli　　　　　　C. d　　　　　　　D. dim

三、上机操作题

绘制矩形浴缸平面图并标注，如图 7.50 所示。

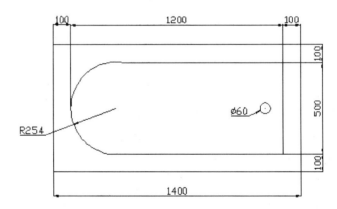

图7.50　浴缸平面图

第8章 图块与外部参照

在绘制图形时，如果图形中有大量相同或相似的内容，或者所绘制的图形与已有的图形文件相同，则可以把要重复绘制的图形创建成图块（也称为块），并根据需要为块创建属性，指定块的名称、用途及设计者等信息，在需要时直接插入它们，从而提高绘图效率。用户也可以把已有的图形文件以参照的形式插入到当前图形中，即外部参照。

学习目标

- 掌握如何创建块、插入块、编辑块的属性
- 掌握外部参照

8.1 创建与编辑图块

块是一个或多个对象组成的对象集合，常用于绘制复杂、重复的图形。一旦一组对象组合成块，就可以根据作图需要将这组对象插入到图中任意指定位置，还可以按不同的比例和旋转角度插入。在 AutoCAD 中，使用块可以提高绘图速度，节省存储空间，也便于修改图形。

8.1.1 创建图块

创建图块命令用于由一个或多个对象创建一个新的对象，并按指定的名称保存，以后可将它插入到图形中。

执行方式如下。

- 命令行：在命令行里输入 block。
- 菜单栏：选择"绘图">"块">"创建"命令。
- 工具栏：单击"绘图"工具栏中的"创建块"按钮 🖫。

调用上述命令后，弹出"块定义"对话框，如图 8.1 所示。

图8.1 "块定义"对话框

知识要点

不能用 direct、light、ave_render、rm_sdb、sh_spot 和 overhead 作为有效的块名称。

例 8.1 在 AutoCAD 中，没有直接定义粗糙度的标注功能，可将图 8.2 所示的粗糙度符号定义成块。

图8.2 粗糙度符号

操作步骤：

① 单击"绘图"工具栏中的"直线"按钮，在绘图区绘制如图 8.2 所示的表示粗糙度的图形。

② 单击"绘图"工具栏中的"创建块"按钮 ，打开"块定义"对话框，如图 8.1 所示。

③ 在"名称"文本框中输入块的名称"myblock"。

④ 单击"基点"选项组中的"拾取点"按钮，然后单击图形中的点 O，确定基点的位置。

⑤ 在"对象"选项组中选择"保留"单选按钮，再单击"选择对象"按钮，切换到绘图窗口，使用窗口选择方法选择所有图形，然后按【Enter】键返回"块定义"对话框。

⑥ 在"块单位"下拉列表中选择"毫米"选项，将单位设为"mm"。

⑦ 在"说明"文本框中输入对图块的说明：粗糙度符号。

⑧ 设置完毕，单击"确定"按钮保存设置。

知识要点

创建块时，必须先绘出要创建块的对象。如果新块名与已定义的块名重复，系统将显示警告对话框，要求重新定义块名称。此外，使用 block 命令创建的块只能由块所在的图形使用，而不能由其他图形使用。如果希望在其他图形中也使用块，则需使用 wblock 命令创建块。

8.1.2 插入图块

生成块的目的是使用块，当在图形中放置一个块后，无论块的复杂程度如何，AutoCAD 均将该块作为一个对象。

插入图块命令用于将已经预先定义好的块插入到当前图形中。如果当前图形中不存在指定名称的内部块定义，则 AutoCAD 将搜索磁盘和子目录，直到找到与指定块同名的图形文件，并插入该文件为止。如果在样板图中创建并保存了块，那么在使用该样板图创建一张新图时，块定义也将被保存在新创建的图形中。如果将一个图形文件插入到当前图形中，那么其中的块定义也将被插入到当前图形中，不论这些块是已经被插入到图形中，还是只保存了一个块定义。

"插入图块"命令的执行方式如下。

● 命令行：在命令行中输入 insert。
● 菜单栏：选择"插入">"块"命令。
● 工具栏：单击"绘图">"插入块"按钮🔂。

调用该命令后，弹出"插入"对话框，如图 8.3 所示。

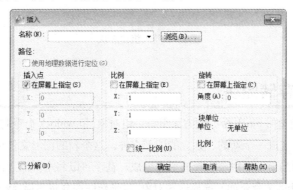

图8.3 "插入"对话框

例 8.2 在如图 8.4 所示的图形中插入用图 8.2 中图形定义的块，并设置缩放比例为 60%。

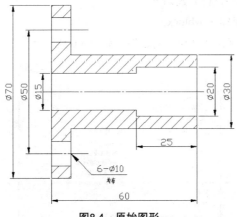

图8.4 原始图形

操作步骤：

① 单击"绘图">"插入块"按钮🔂，打开"插入"对话框，如图 8.3 所示。

② 在"名称"下拉列表框中选择"myblock"。

③ 在"插入点"选项组中选中"在屏幕上指定点"复选框。

④ 在"比例"选项组中选中"统一比例"复选框，并在"X"文本框中输入"0.6"。

⑤ 在"旋转"选项组的"角度"文本框中输入"90"（插入块时使之顺时针旋转 90°），单击"确定"按钮。

⑥ 单击绘图窗口中需要插入块的位置，这时块插入的效果如图 8.5 所示。

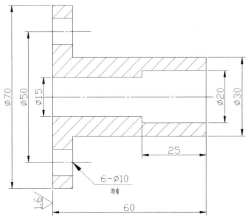

图8.5　插入粗糙度块

8.1.3　存储图块

wblock 命令允许用类似 block 命令的方法组合一组对象，但 wblock 命令将对象输出成一个文件，实际上就是将这些对象变成一个新的、独立的图形文件。这个新的图形文件可以利用当前图形中定义的块创建，也可以由当前图形中被选择的对象组成，甚至可以将全部的当前图形输出成一个新的图形文件。无论通过 wblock 命令如何选择这些对象，这张新图都会将图层、线形、样式和其他特性（如系统变量等设置）作为当前图形的设置。

启动"存储图块"命令的执行方式如下。

● 命令行：在命令行里输入 wblock。

调用上述命令后，系统弹出"写块"对话框，如图 8.6 所示。

图8.6　"写块"对话框

各选项具体说明如下。

● "块":如果需要使用当前图形中已经存在的块创建一个新的图形文件,那么在"写块"对话框的"源"选项组中单击"块"单选按钮。在"块"单选按钮右侧的文本框中指定要选择的块名。默认情况下,新图形文件的名称与所选择的块名是一致的。

● "整个图形":如果需要使用当前的全部图形创建一个新的图形文件,那么在"源"选项组中选中"整个图形"单选按钮。

● "对象":选中"写块"对话框的"源"选项组中的"对象"单选按钮,即使用当前图形中的部分对象创建一个新图形。此时,必须选择一个或多个对象,以输出到新的图形中。

● "插入单位":当一个新文件以块的形式插入时,它将按照在"插入单位"列表框中定义的缩放比例进行缩放。

● "文件名和路径":用于输入块文件的名称和保存位置,可以单击其右边的"浏览"按钮,在"浏览文件夹"对话框中设置文件的保存位置。

其他选项可以参照图8.1的"块定义"对话框内容,此处不再赘述。

知识要点

使用 wblock 命令的优点是,当整个图形文件被写入到一个新文件中时,该图形文件中没有使用的块、图层、线形和其他一些没有的对象,不会被写入到新的文件中。这是因为图形会自动清除一些没用的信息,意味着一些没用的项目不会被写入到新的图形文件中。

例 8.3 创建一个如图 8.7 所示的块,并将其保存。

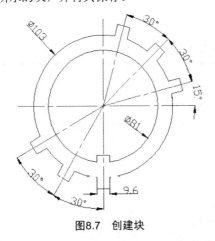

图8.7 创建块

操作步骤:

① 单击"绘图"工具栏"创建块"按钮 ,创建如图 8.7 所示的块,并定义块的名称为"myblock1"。

② 打开创建的块文档,并在命令行中输入 wblock,打开"写块"对话框。

③ 在该对话框的"源"选项组中单击"块"单选按钮,然后在其后的下拉列表框中选择创建的块 "myblock1"。

④ 在"目标"选项组的"文件名和路径"文本框中输入文件名和路径,如 D:\myblock1.dwg,并在"插入单位"下拉列表中选择"毫米"选项。

⑤ 单击"确定"按钮,完成操作。

8.1.4　分解图块

分解图块命令用于分解块参照、填充图案和关联性尺寸标注，使它们变成定义前的各自独立的状态。该命令可以使多线段或多段弧线分解为独立的直线和圆弧对象。它还可以使三维多边形网格变成三维面，使三维多面网格变成三维面和简单的直线与点对象。

启动"分解图块"命令的执行方式如下。

● 命令行：在命令行输入 explode。
● 工具栏：单击"修改"工具栏中"分解"按钮。
● 菜单栏：选择"修改" > "分解"命令。

调用该命令，命令行提示："选择对象："，在绘图区选择将被分解的对象，按【Enter】键后结束对象选择。

知识要点

任何分解对象的颜色、线型和线宽都可能会改变。其他结果将根据分解的合成对象类型的不同而有所不同。

8.2　编辑图块属性

8.2.1　创建图块属性

启动"创建图块属性"的执行方式如下。

● 命令行：在命令行中输入 attdef。
● 菜单栏：选择"绘图" > "块" > "定义属性"命令。

调用该命令后，弹出"属性定义"对话框，如图8.8所示。

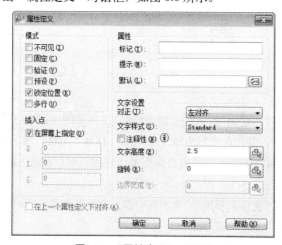

图8.8　"属性定义"对话框

各选项具体说明如下。

● "模式"：用于在图形中插入块时设置与块关联的属性值选项。默认值存储在 aflags 系统变量中。更改 aflags 设置将影响新属性定义的默认模式，但不会影响现有属性定义。

● "属性"：用于设置属性数据。

● "插入点"：指定属性位置。输入坐标值或者选择"在屏幕上指定"，并使用定点设备根据与属性关联的对象指定属性的位置。

● "在上一个属性定义下对齐"：将属性标记直接置于定义的上一个属性的下面。如果之前没有创建属性定义，则此选项不可用。

例 8.4 将如图 8.9（a）所示的图形定义成表示位置公差基准的符号块，如图 8.9（b）所示。要求如下：符号块的名称为 BASE，属性标记为 A，属性提示为"请输入基准符号"，属性默认值为 A，以圆的圆心作为属性插入点，属性文字对齐方式采用"中间"，并且以两条直线的交点作为块的基点。

（a）定义带有属性的块　　　　　　　（b）显示A属性的标记

图8.9　创建块属性

操作步骤：

① 选择"绘图">"块">"定义属性"命令，打开"属性定义"对话框。

② 在"属性"选项组的"标记"文本框中输入"A"，在"提示"文本框中输入"请输入基准符号"，在"值"文本框中输入"A"。

③ 在"插入点"选项组中选择"在屏幕上指定点"复选按钮。

④ 在"文字设置"选项组的"对正"下拉列表框中选择"中间"选项，在"文字高度"文本框中输入"5"，其他选项采用默认设置。

⑤ 单击"确定"按钮，在绘图窗口单击圆的圆心，确定插入点的位置。完成属性块的定义，同时在图中的定义位置将显示出该属性的标记，如图 8.9（b）所示。

⑥ 在命令行中输入命令 wblock，打开"写块"对话框，在"基点"选项组中单击"拾取点"按钮，然后在绘图窗口中单击两条直线的交点。

⑦ 在"对象"选项组中选择"保留"单选按钮，并单击"选择对象"按钮，然后在绘图窗口中使用窗口选择所有图形。

⑧ 在"目标"选项组的"文件名和路径"文本框中输入"D：\base.dwg"，并在"插入单位"下拉列表框中选择"毫米"选项，然后单击"确定"按钮，完成操作。

8.2.2　编辑图块属性

"编辑图块属性"命令的执行方式如下。

● 命令行：在命令行中输入 eattedit。

● 菜单栏：选择"修改">"对象">"属性">"单个"命令。

● 工具栏：单击"修改"工具栏中"编辑属性"按钮。

调用该命令后，命令行提示："选择块："，在绘图窗口中选择需要编辑的块对象后，弹出"增强属性编辑器"对话框，如图 8.10 所示。

图8.10 "增强属性编辑器"对话框

8.3 外部参照

外部参照是指一个图形文件对另一个图形文件的引用，即把已有的其他图形文件链接到当前图形文件中。外部参照具有和图块相似的属性，但它与插入"外部块"是有区别的，插入"外部块"是将块的图形数据全部插入到当前图形中，而外部参照只记录参照图形位置等链接信息，并不插入该参照图形的图形数据。在绘图过程中，可以将一幅图形作为外部参照附加到当前图形中，这是一种重要的共享数据的方法，也是减少重复绘图的有效手段。

在 AutoCAD 2012 中，可以使用"参照"工具栏和"参照编辑"工具栏对外部参照进行管理，如图 8.11 所示。

图8.11 "参照"工具栏和"参照编辑"工具栏

8.3.1 外部参照管理器

一个图形中可能会存在多个外部参照图形，用户必须了解各个外部参照的所有信息，才能对含有外部参照的图形进行有效的管理，这就需要通过"外部参照管理器"来实现。

"外部参照管理器"命令的执行方式如下。

● 命令行：在命令行里输入 xref。

● 菜单栏：选择"插入">"外部参照"命令。

调用"外部参照管理器"命令之后，弹出"外部参照管理器"窗口，如图 8.12 所示。该窗口的外部参照列表列出了当前图形中存在的外部参照的相关信息，包括外部参照的名称、加载状态、文件大小、参照类型创建日期和保存路径等。还可以进行外部参照的附着、拆离、重载、打开、卸载和绑定操作。双击"类型"列，可以使外部参照在"附加型"和"覆盖型"之间进行切换。

图8.12　"外部参照管理器"窗口

各选项具体说明如下。

- "文件参照"列表：该列表里显示了当前图形中各个外部参照的名称、加载状态、文件大小等信息。
- "附着"按钮 ：单击该按钮，会出现如图8.13所示的"选择参照文件"对话框。

图8.13　"选择参照文件"对话框

- "刷新"下拉菜单 ：包括"刷新"和"重载所有参照"两项。
- "帮助"按钮 ：打开系统帮助文件。
- "列表图"按钮 ：用于以列表形式显示外部参照信息。
- "树状图"按钮 ：用于以树状图形式显示外部参照信息。
- "详细信息"按钮 ：用于显示外部参照的详细信息，比在"文件参照"列表里显示得更详细，如日期、类型、颜色系统及颜色深度等。
- "预览"按钮 ：用于预览外部参照。

8.3.2 外部参照附着

外部参照附着是为了帮助用户利用其他图形来补充当前图形。一个图形可以作为外部参照同时附着到多个图形中，也可以将多个图形作为参照图形附着到单个图形中。

"外部参照附着"命令的执行方式如下。

● 命令行：在命令行里输入 xattach。

● 菜单栏：选择"插入" > "外部参照" > "DWG 参照"命令。

● 工具栏：单击"外部参照附着"按钮 。

调用"外部参照"命令后，弹出"选择参照文件"对话框，选择要附着的图形文件即可。单击"打开"按钮，弹出"附着外部参照"对话框，如图 8.14 所示。

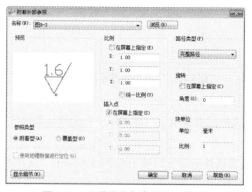

图8.14 "附着外部参照"对话框

各选项具体说明如下。

● "参照类型"选项组：包括"附着型"和"覆盖型"两个选项。选择"附着型"单选按钮，则表示外部参照是可以嵌套的；选择"覆盖型"单选按钮，则表示外部参照不会嵌套。

● "路径类型"下拉列表框：用于指定外部参照的路径类型。

● "插入点"选项组：可以直接在 X、Y 和 Z 后面的文本框内输入点的坐标的方式给出外部参照的插入点，也可以通过选中"在屏幕上指定"复选框来在屏幕上指定插入点的位置。

● "比例"选项组：用于直接输入所插入的外部参照在 X、Y 和 Z 三个方向上的缩放比例；也可以通过选中"在屏幕上指定"复选框来在屏幕上指定；"统一比例"复选框用于确定所插入的外部参照在三个方向的出入比例是否相同，选中表示相同，反之则不相同。

● "旋转"选项组：可以在文本框中直接输入插入外部参照的旋转角度值，也可以选中"在屏幕上指定"复选框来在屏幕上指定旋转角度。

● "块单位"选项组：可以设置块的单位和比例。

例 8.5 使用图 8.15 所示的图形创建一个新图形，如图 8.16 所示。

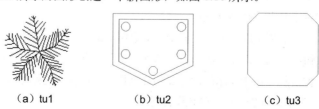

（a）tu1　　　　　（b）tu2　　　　　（c）tu3

图8.15 外部参照文件

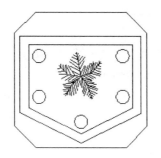

图8.16　最终效果

操作步骤：

① 单击菜单栏中的"新建"按钮□，新建一个文件。

② 选择"插入">"dwg 参照"命令，打开"选择参照文件"对话框。

③ 找到 tu1.dwg 文件，单击"打开"按钮。

④ 打开"外部参照"对话框，在"参照类型"选项组中选择"附着型"单选按钮，在"插入点"选项组中取消选中"在屏幕中指定"复选框，确认 X、Y 和 Z 均为 0，单击"确定"按钮，将外部参照"tu1.dwg"插入到当前文件中。

⑤ 重复②～④的过程，将"tu2.dwg"插入到文件中。

⑥ 重复②～④的过程，将"tu3.dwg"插入到文件中，最终结果如图 8.16 所示。

8.3.3　剪裁外部参照

用户可以指定剪裁边界以显示外部参照和块插入的有限部分，如图 8.17 所示。

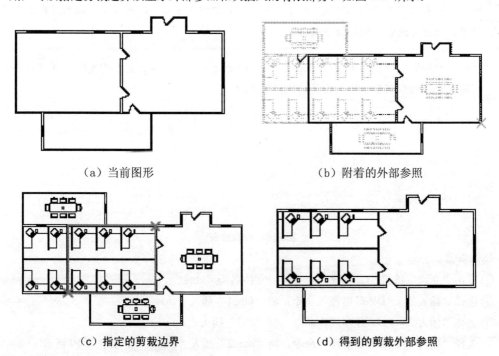

（a）当前图形　　　　　　　　　　　　（b）附着的外部参照

（c）指定的剪裁边界　　　　　　　　　（d）得到的剪裁外部参照

图8.17　剪裁外部参照

"剪裁外部参照"命令的执行方式如下。

● 命令行：在命令行里输入 xclip。

● 菜单栏：选择"修改">"剪裁">"外部参照"命令。

● 工具栏：单击"剪裁外部参照"按钮 。

调用上述命令后，系统提示："选择选择对象："，选择被参照图形，系统提示："输入剪裁选项 [开 (ON)| 关 (OFF)| 剪裁深度 (C)| 删除 (D)| 生成多段线 (P)| 新建边界 (N)] ＜新建边界＞："。

各选项具体说明如下。

● "开"：打开外部参照剪裁边界，即在宿主图形中不显示外部参照或块的被剪裁部分。

● "关"：关闭外部参照剪裁边界，在当前图形中显示外部参照或块的全部几何信息，忽略剪裁边界。

● "剪裁深度"：在外部参照或块上设置前剪裁平面和后剪裁平面，系统将不显示由边界和指定深度所定义的区域外的对象。剪裁深度应用在平行于剪裁边界的方向上，与当前 UCS 无关。

● "删除"：删除前剪裁平面和后剪裁平面。

● "生成多段线"：自动绘制一条与剪裁边界重合的多段线。此多段线采用当前的图层、线型、线宽和颜色设置。

● "新建边界"：定义一个矩形或多边形剪裁边界，或者用多段线生成一个多边形剪裁边界。

知识要点

剪裁仅应用于外部参照或块的单个实例，而非定义本身。不能改变外部参照和块中的对象，只能更改它们的显示方式。

例 8.6 使用外部参照附着命令将 fang1.dwg、ch3.dwg 和 men2.dwg 文件一次插入到 zht4.dwg 文件中，再进行外部参照剪裁操作，剪裁结果如图 8.18 所示。

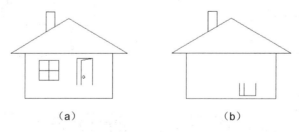

（a）　　　　　　　　　　　　（b）

图8.18　剪裁结果

操作步骤：

① 单击"新建"按钮 ，新建一个文件，文件名为"zht4"。

② 选择"插入">"DWG 参照"命令，将"fang1"插入"zht4"中。

③ 选择"插入">"DWG 参照"命令，将"ch3"插入"zht4"中。

④ 选择"插入">"DWG 参照"命令，将"men2"插入"zht4"中，如图 8.19 所示。

图8.19 房子整体图

⑤ 在命令行输入 xclip。

选择对象: //选择窗户和门

选择对象: ↙ //按【Enter】键

输入剪裁选项[开（ON）|关（OFF）|剪裁深度（C）|删除（D）|生成多段线（P）|新建边界（N）] <新建边界>: ↙ //按【Enter】键

"指定剪裁边界或选择反向选项：[选择多段线（S）|多边形（P）|矩形（R）|反向剪裁（I）] <矩形>：" r↙ //按【Enter】键

"指定第一个角点：指定对角点" //选择如图8.20所示的矩形区域

⑥ 剪裁结果如图 8.18（a）所示。如果在⑤中选择"反向剪裁（I）"，则不显示剪裁边界内的部分，如图 8.18（b）所示。

⑦ 在命令行输入：xclipfframe

"输入xclipfframe 的新值 <0>：" 1↙ //设置显示剪裁边框，效果如图8.20所示

图8.20 显示剪裁边界图

8.4 综合案例 ——绘制办公室的平面装饰图

🔍 学习目的

熟悉"直线"、"偏移"、"复制"、"矩形"、"圆弧"、"多段线"、"插入块"、"旋转"和"镜像"等命令。

🔍 重点难点

❖ 绘制矩形、圆弧、多段线的方法

❖ 镜像、偏移、复制命令的使用

❖ 插入块、旋转命令的使用

本实例绘制的"办公空间的平面装饰图"的最终效果图如图 8.21 所示。

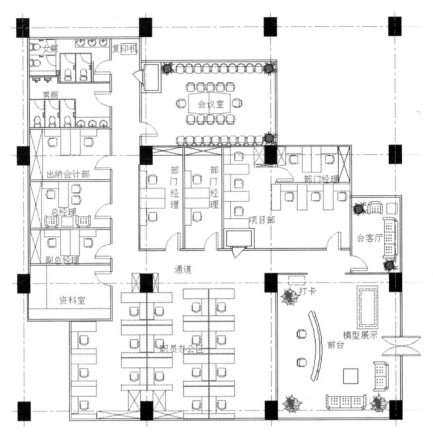

图8.21　办公空间的平面装饰图

操作步骤

1. 绘制办公空间建筑墙体

Step 01 单击"直线"按钮，创建办公室建筑平面轴线。先绘制 2 条水平和垂直方向的直线，如图 8.22 所示，其长度要略大于办公建筑水平和垂直方向的总长度尺寸。

Step 02 将两条直线改变为点画线线型，如图 8.23 所示。

图8.22　平面轴线　　　　　　　　　图8.23　更改线型

Step 03 单击"偏移"按钮，根据办公柱网尺寸的大小（即进深与开间），生成相应位置的轴线网，如图 8.24 所示。

Step 04 轴线网的间距为"8000"，并标注尺寸，如图 8.25 所示。

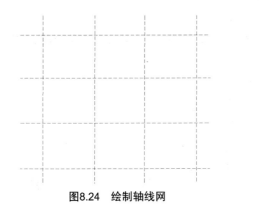

图8.24　绘制轴线网

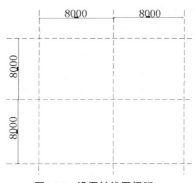

图8.25　设置轴线网间距

Step 05 利用标注功能标注相关轴线的所有尺寸，如图 8.26 所示。

Step 06 单击"矩形"按钮，在两轴线的交点处，绘制高度为 1200，宽度为 800 的矩形柱子轮廓，如图 8.27 所示。

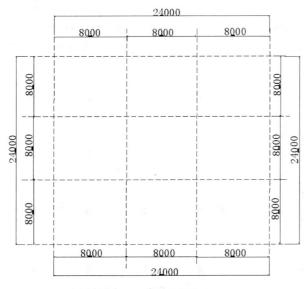

图8.26　标注轴线尺寸

图8.27　矩形柱子轮廓

Step 07 选择"图案填充"命令，设置填充图案为"SOLID"，填充矩形柱子，如图 8.28 所示。

Step 08 选择"复制"命令，根据柱子的布局进行复制，如图 8.29 所示。

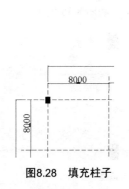

图8.28　填充柱子

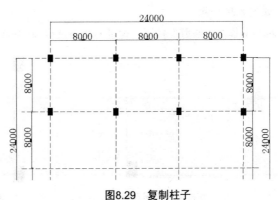

图8.29　复制柱子

Step 09 绘制柱网和柱子的布局，如图 8.30 所示。

Step 10 单击"多线"按钮，设置多线比例为"100"，绘制办公室前台的墙体，如图 8.31 所示。

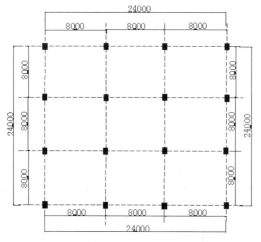

图8.30 室内简单布局

图8.31 绘制办公室前台的墙体

Step 11 单击"多线"按钮，根据办公室的布局情况进行其他房间的墙体绘制，如图 8.32 和图 8.33 所示。注意：墙体宽度可以通过设置"MLINE"的比例（S）进行调整。

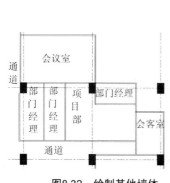

图8.32 绘制其他墙体

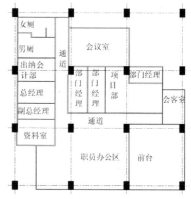

图8.33 办公室墙体

2. 绘制办公空间室内门窗

Step 01 单击"直线"按钮，绘制直线段，然后单击"偏移"命令，偏移距离为"1200"，绘制短线，如图 8.34 所示。

Step 02 单击"修剪"按钮，通过对线条进行剪切得到入口门洞造型，如图 8.35 所示。

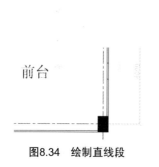

图8.34 绘制直线段

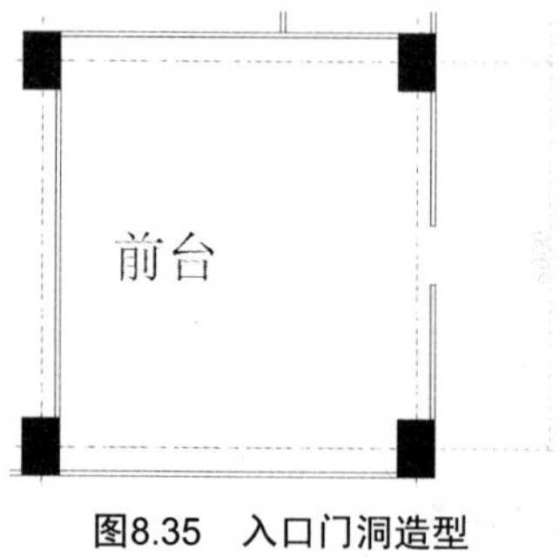

图8.35 入口门洞造型

Step 03 单击"矩形"按钮和"直线"按钮，绘制门扇造型，矩形长度为"1200"，宽度为"60"，如图 8.36 所示。

Step 04 单击"圆弧"按钮，绘制弧线构成完整的门扇造型，如图 8.37 所示。

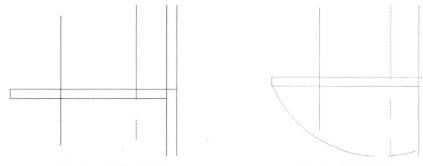

图8.36 绘制门扇造型   图8.37 绘制弧线

Step 05 单击"镜像"按钮，将上步绘制的门扇进行镜像得到双扇门扇造型，如图 8.38 所示。

Step 06 单击"镜像"按钮，将上步绘制的双扇门再进行镜像，得到两个方向可以开启的门扇造型，如图 8.39 所示。

 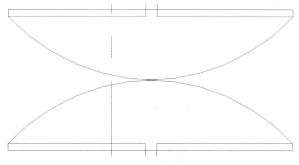

图8.38 镜像双扇门扇   图8.39 镜像门扇

Step 07 单扇门和门洞造型可按参照上述双扇门的方法绘制，如图 8.40 所示。

Step 08 办公室空间其他房间的门扇和门洞造型可按上述方法绘制，如图 8.41 所示。

 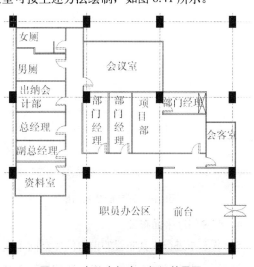

图8.40 单扇门和门洞造型   图8.41 办公室门扇、门洞效果图

3．绘制消火栓箱等消防辅助设施

Step 01 单击"多段线"按钮，在会议室墙体附近绘制消水栓箱造型轮廓，如图 8.42 所示。

Step 02 单击"修剪"按钮，对轮廓内的线条进行剪切，如图 8.43 所示。

 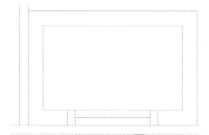

图8.42　绘制消水栓箱 图8.43　剪切消水栓箱线条

Step 03 单击"偏移"按钮，偏移轮廓形成消火栓箱外轮廓造型，如图 8.44 所示。

Step 04 单击"直线"按钮和"偏移"按钮，绘制消火栓箱门扇造型，如图 8.45 所示。

图8.44　偏移轮廓 图8.45　消火栓箱门扇造型

Step 05 单击"圆弧"按钮和"直线"按钮绘制开启形状的门扇造型，如图 8.46 所示。

Step 06 至此，办公室的未装修的建筑平面图绘制完成，如图 8.47 所示。缩放视图观察图形，然后保存图形。

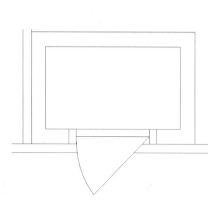 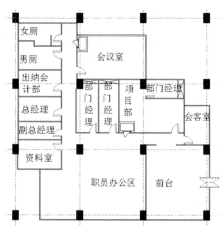

图8.46　开启形状的门扇 图8.47　办公室的未装修的建筑平面图

4．前台门厅平面布置

Step 01 未进行家具布置的前台门厅空间平面，如图 8.48 所示。

Step 02 单击"插入块"命令，将沙发插入到前台门厅，如图 8.49 所示。

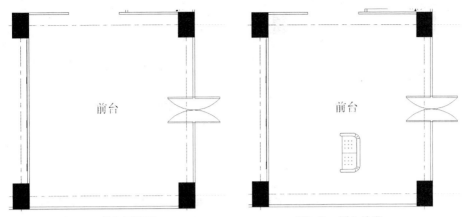

图8.48　前台平面图　　　　　　　　　　　图8.49　插入沙发

Step 03 若插入的位置不合适，单击"移动"命令，则可以对其位置进行调整，如图 8.50 所示。

Step 04 单击"圆弧"命令和"偏移"命令，绘制弧形前台轮廓，如图 8.51 所示。

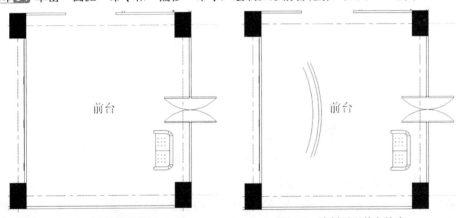

图8.50　调整沙发位置　　　　　　　　　　图8.51　绘制弧形前台轮廓

Step 05 单击"直线"命令，在弧线两端绘制端线轮廓，如图 8.52 所示。

Step 06 单击"插入块"命令，插入两个椅子造型，如图 8.53 所示。

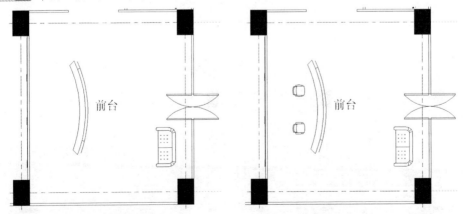

图8.52　绘制端线轮廓　　　　　　　　　　图8.53　插入两个椅子

Step 07 单击"插入块"命令，在前台门厅右下角布置沙发与茶几组合造型，如图 8.54 所示。

Step 08 单击"多段线"命令，在门厅前台附近布置考勤打卡和模型展示区域，如图 8.55 所示。

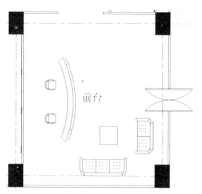

图8.54 插入沙发与茶几组合造型

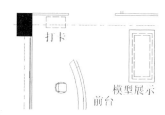

图8.55 布置考勤打卡和模型展示区域

Step 09 单击"插入块"命令，布置一些花草进行美化，完成前台门厅装饰设计，如图 8.56 所示。

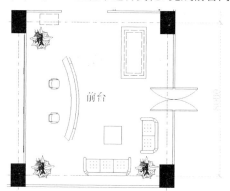

图8.56 前台门厅装饰效果图

5．办公室和会议室等房间平面装饰设计

Step 01 单击"多行文字"按钮，先按功能相应安排各个功能房间的平面位置，标注相应的房间名称，如图 8.57 所示。

Step 02 布置会客厅：单击"插入块"按钮，插入两个沙发造型，然后单击"矩形"按钮，绘制一个茶几，如图 8.58 所示。

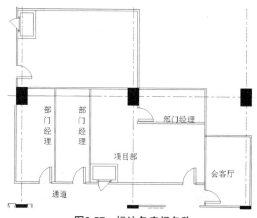

图8.57 标注各房间名称

图8.58 插入茶几沙发

Step 03 单击"插入块"按钮，插入花草对会客室进行装饰，如图 8.59 所示。

Step 04 局部缩放视图，对项目部区域办公室进行设计，如图 8.60 所示。

图8.59　插入花草

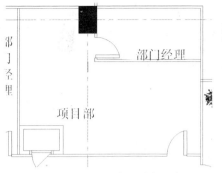

图8.60　设计项目部区域办公室

Step 05 单击"矩形"按钮，在适当的位置绘制办公桌造型，如图 8.61 所示。

Step 06 单击"插入块"按钮，在适当的位置插入办公椅造型。选择"复制"命令，根据项目部办公平面的范围，布置办公桌和椅子，如图 8.62 所示。

图8.61　绘制办公桌

图8.62　布置桌椅

Step 07 单击"旋转"按钮，旋转复制办公桌和椅子，在另一个方向布置办公桌，如图 8.63 所示。

Step 08 单击"矩形"按钮和"直线"按钮，在其他空闲地方安排办公文件柜，完成整个项目部的平面设计，如图 8.64 所示。

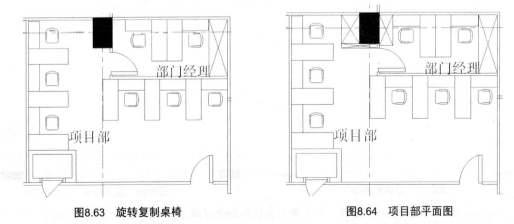

图8.63　旋转复制桌椅

图8.64　项目部平面图

Step 09 其他部门的办公室，如总经理、部门经理和资料室等房间，参照上述方法进行装饰设计，如图 8.65 所示。

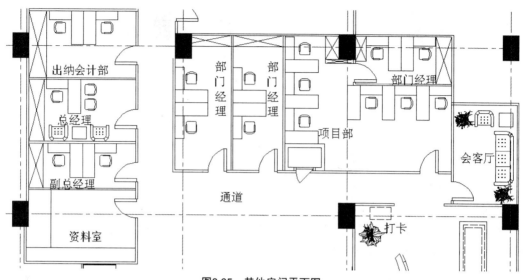

图8.65 其他房间平面图

Step**10** 单击"直线"按钮，绘制会议桌造型轮廓，如图 8.66 所示。

Step**11** 单击"弧线"按钮和"镜像"按钮，绘制会议桌两边弧形边，如图 8.67 所示。

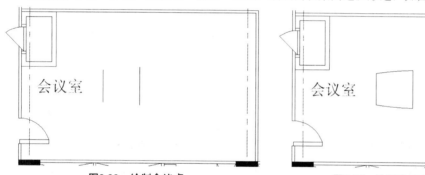

图8.66 绘制会议桌   图8.67 绘制会议桌两边弧形边

Step**12** 单击"镜像"按钮，镜像得到整个会议桌造型，如图 8.68 所示。

Step**13** 单击"插入块"按钮，在会议室中插入椅子，如图 8.69 所示。

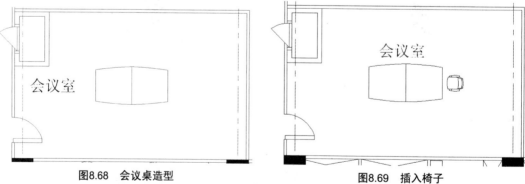

图8.68 会议桌造型   图8.69 插入椅子

Step**14** 通过"旋转"和"复制"命令布置会议室的全部椅子，如图 8.70 所示。

Step**15** 单击"直线"按钮，在会议右端绘制电视柜造型。单击"插入块"按钮，在相应的地方插入花草等造型，如图 8.71 所示。

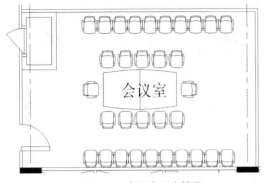

图8.70　布置会议室椅子

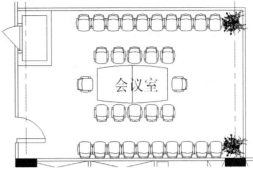

图8.71　插入花草

Step 16 完成会议室的装饰设计布局，如图 8.72 所示。

Step 17 对公共办公区（普通员工办公区）空间平面进行设计，如图 8.73 所示。

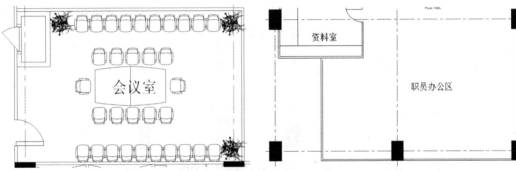

图8.72　会议室的装饰图　　　　　　图8.73　公共办公区平面图

Step 18 单击"复制"按钮复制前面所绘制的办公桌和椅子造型，如图 8.74 所示。

Step 19 单击"多段线"按钮，在办公桌外侧勾画隔间轮廓造型，如图 8.75 所示。

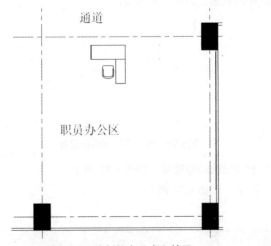

图8.74　绘制的办公桌和椅子

图8.75　隔间轮廓造型

Step 20 单击"镜像"按钮，以中间轴线为镜像线，将前面绘制的办公隔间轮廓进行镜像。然后单击"复制"按钮，根据空间平面进行办公隔间布置，如图 8.76 所示。

Step 21 单击"多段线"按钮，在空隙处布置文件柜造型，如图 8.77 所示。

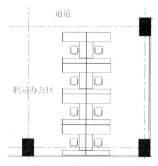

图8.76　布置办公隔间

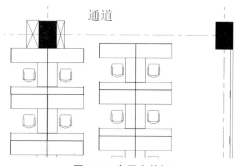

图8.77　布置文件柜

Step 22 完成普通员工办公区空间平面设计，如图 8.78 所示。

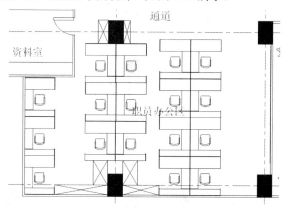

图8.78　普通员工办公区空间平面图

6．男女卫生间平面装饰设计

Step 01 按性别安排男女卫生间空间平面位置，如图 8.79 所示。

Step 02 单击"多段线"按钮，绘制卫生间隔间轮廓，如图 8.80 所示。

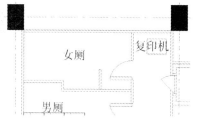

图8.79　安排男女卫生间

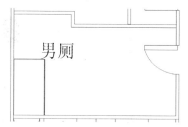

图8.80　绘制卫生间隔间轮廓

Step 03 单击"直线"按钮，在轮廓内侧绘制间隔的隔断墙体，如图 8.81 所示。

Step 04 单击"矩形"按钮，创建隔间门扇轮廓，如图 8.82 所示。

图8.81　绘制间隔的隔断墙体

图8.82　绘制隔间门扇轮廓

Step 05 单击"圆弧"按钮，绘制隔间门扇弧线，如图 8.83 所示。

Step 06 单击"矩形"按钮和"直线"按钮，在隔间的隔断内侧绘制手纸支架造型，如图 8.84 所示。

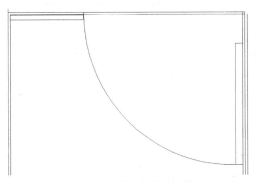

图8.83 绘制隔间门扇弧线 　　　　 图8.84 绘制手纸支架

Step 07 单击"插入块"按钮，在隔间内插入卫生洁具、坐便器造型，如图 8.85 所示。

Step 08 选择"复制"命令，复制隔间得到多个隔间造型，如图 8.86 所示。

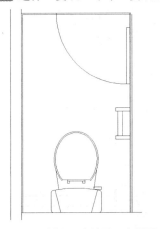

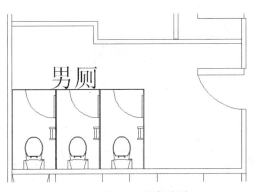

图8.85 插入卫生洁具、坐便器 　　　　 图8.86 隔间造型

Step 09 单击"插入块"按钮和"复制"按钮，布置小便器造型，如图 8.87 所示。

Step 10 单击"直线"按钮，创建洗手盆台面造型轮廓，如图 8.88 所示。

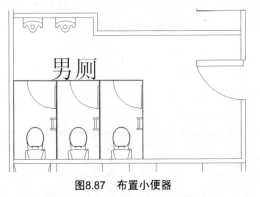

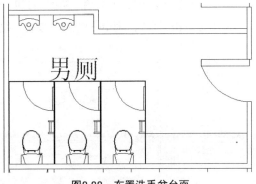

图8.87 布置小便器 　　　　 图8.88 布置洗手盆台面

Step 11 单击"插入块"按钮，插入洗手盆。单击"复制"按钮，复制并布置洗手盆，如图 8.89 所示。

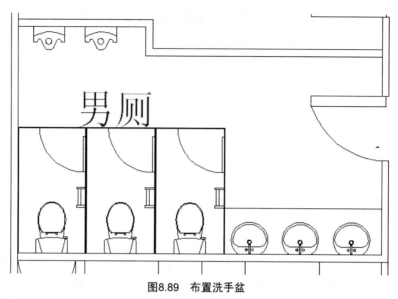

图8.89　布置洗手盆

Step 12　女卫生间的隔间和洗手盆造型按男卫生间的方法进行绘制和布置，如图 8.90 所示。

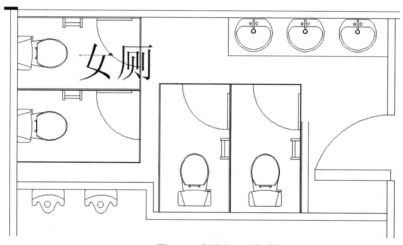

图8.90　布置女卫生间空间

Step 13　单击"多段线"按钮和"偏移"按钮,在女卫生间内绘制拖布池造型轮廓,如图8.91 所示。

Step 14　单击"直线"按钮和"圆"按钮,绘制拖布池内部的造型,如图 8.92 所示。

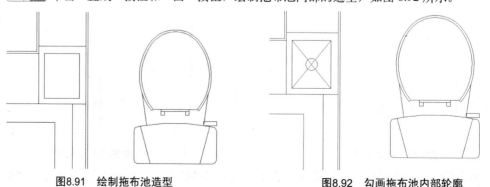

图8.91　绘制拖布池造型　　　　　　　　　　图8.92　勾画拖布池内部轮廓

Step 15　完成男女卫生间的设计与布置,如图 8.93 所示。

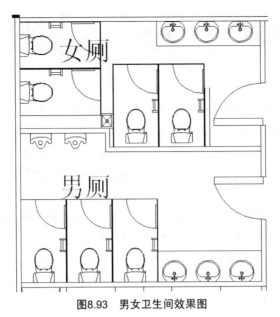

图8.93　男女卫生间效果图

Step 16 办公空间的平面装饰设计绘制已完成。缩放视图进行观察，并保存图形，最终效果如图 8.94 所示。

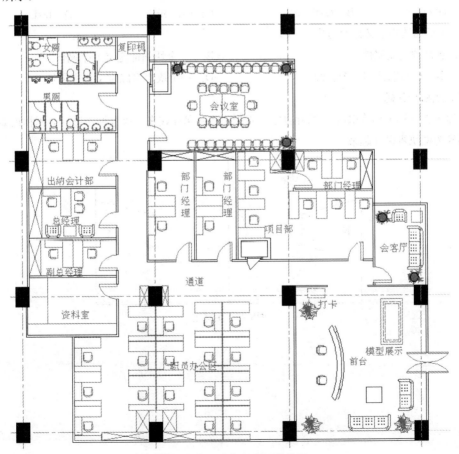

图8.94　办公空间的平面装饰图

8.5 习题

一、填空题

1. 在绘制图形时，如果图形中有大量相同或相似的内容，或者所绘制的图形与已有的图形文件相同，则可以把要重复绘制的图形创建成＿＿＿＿＿。

2. 在 AutoCAD2012 中，可以使用＿＿＿＿＿命令定义图块，使用＿＿＿＿＿命令存储图块。

3. 当块定义和插入后，可以用＿＿＿＿＿命令更改该块中的属性特性和属性值。

二、选择题

1. 在 AutoCAD 中，使用（　）可以提高绘图速度，节省存储空间，便于修改图形。

  A．块　　　　　　　　B．图块　　　　　　　　C．插入块　　　　　　　　D．分解块

2. 一个图形可以作为外部参照同时附着到（　）个图形中，也可以将（　）个图形作为参照图形附着到单个图形。

  A．一；多　　　　　　B．多；一　　　　　　C．多；多　　　　　　D．一；两

3. 编辑图导块属性时，（　）控件通常用于显示文本，这些文本不支持用户编辑，主要作用是标识窗体上的对象。

  A．label　　　　　　B．textbox　　　　　　C．eattedit　　　　　　D．text

4. 关于属性的定义正确的是（　）。

  A．块必须定义属性　　　　　　　　　　B．一个块只能定义一个属性

  C．多个块可以共用一个属性　　　　　　D．一个块中可以定义多个属性

三、上机操作题

绘制如图 8.95 所示的图形，尺寸自定，绘制完将其保存起来，再查询图形的面积和距离，最后将其转换为图块再保存起来。

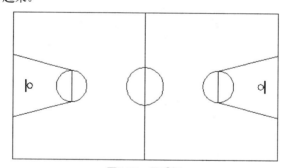

图8.95　足球场

第9章 三维图形建模

本章主要介绍基础的三维绘制命令、基本三维实体的观察和编辑、标注三维实体及对实体进行着色和渲染处理等。

→ 学习目标

- 掌握三维图形中常用的基本绘图命令，如"长方体"、"圆柱体"、"球体"等
- 掌握常用编辑命令的使用方法，如"三维旋转"、"三维拉伸"等

9.1 坐标系

三维图形依赖于三维坐标系。在三维空间中，点有三个自由度，即可用三个参数来确定，所以三维坐标系有三个相互独立的参数系。AutoCAD 提供了三种三维坐标系：笛卡尔坐标系、柱坐标系和球坐标系。

9.1.1 笛卡尔坐标系

笛卡尔坐标系就是用 X、Y 和 Z 三个正交方向的坐标值来确定精确位置的坐标系，其输入方式为以逗号分开的 X、Y 和 Z 值，如"3，2，5"。图 9.1 所示为笛卡尔坐标系的示意图。

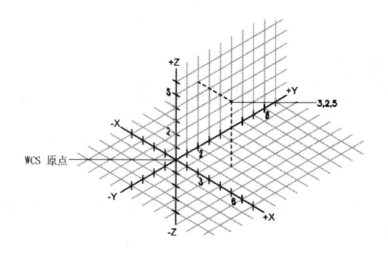

图9.1 笛卡尔坐标系示意图

当以 x,y 格式输入坐标时，将从上一输入点复制 z 值。因此，可以按 x,y,z 格式输入一个坐标，然后保持 z 值不变。例如，输入直线的以下坐标

指定第一点：0,0,5

指定下一点或 [放弃 (U)]：3,4

直线的两个端点的 Z 值均为 5。当开始或打开任意图形时，Z 的初始默认值大于 0。

9.1.2 柱坐标系

柱坐标系就是通过指定位置到 XY 平面的投影与 UCS 原点之间的距离、到 XY 平面的投影与 X 轴的角度，以及垂直于 XY 平面的 Z 坐标值来描述精确位置的坐标系。相当于在二维极坐标系上加上 Z 坐标组成三维坐标系，其输入方式为：XY 平面与 UCS 原点之间的距离 < XY 平面中与 X 轴所成的角度，Z。例如，5 < 30，6。

9.1.3 球坐标系

球坐标系就是通过指定位置到当前 UCS 原点的距离、在 XY 平面上的投影与 X 轴所成的角度，以及 Z 轴正方向上与 XY 平面所成的角度来描述该位置，其输入格式为：XY 平面与 UCS 原点之间的距离 <XY 平面与 X 轴所成的角度 <Z 轴正方向与 XY 平面所成的角度。如图 9.2 中，坐标 8<60<30 和坐标 5<45<15。

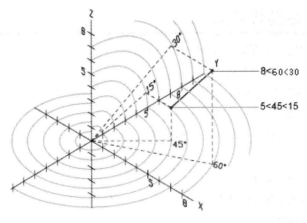

图9.2 球坐标系

9.2 创建三维实体

在三维图形中，三维实体的信息是最完整的，可以根据基本实体形来创建实体。基本实体形有长方体、圆锥体、圆柱体、圆环体和楔体。在 AutoCAD 中可以应用差集或交集将这些简单的基本三维实体组合成更为复杂的实体。

在 AutoCAD 中，使用"绘图">"建模"子菜单中的命令，如图 9.3 所示，或使用"建模"工具栏，可以绘制长方体、球体、圆柱体、楔体及圆环体等基本实体模型，如图 9.4 所示。

图9.3 "建模"子菜单命令

图9.4 "建模"工具栏

9.2.1　绘制长方体

长方体作为最基本的三维模型，其应用非常广泛。

启动"长方体"命令的执行方式如下。

● 命令行：在命令行输入 box。

● 工具栏：单击"建模"工具栏中"长方体"按钮□。

● 菜单栏：选择"绘图">"建模">"长方体"命令。

命令行提示：

指定第一个角点或 [中心(C)]:

指定其他角点或 [立方体(C)/长度(L)]:

指定高度或 [两点(2P)]:

各项具体解释如下。

● 角点：在绘图区域指定长方体的一个角点，并在命令行输入其他角点的值。

● 立方体：绘制等边的长方体。

● 长度：按指定的长度、宽度、高度创建长方体。

● 中心点：使用指定的中心点创建长方体。

例 9.1　使用"长度"命令绘制长方体。

操作步骤：

命令:box　　　　//【Enter键】

指定第一个角点或[中心（C）]:　　　　//在屏幕上单击一点，指定长方体底面一个角点的位置

指定其他角点或[立方体（C）/长度（L）]: L　　//使用长度绘制长方体

指定长度: 200

指定宽度: 120

指定高度: 90

长方体绘制完成，如图 9.5 所示。

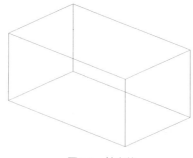

图9.5　长方体

9.2.2　绘制球体

创建三维实体球体。球体由中心点和半径（或直径）组成。网线密度可通过系统变量 ISOLINES 决定。

启动"球体"命令的执行方式如下。

● 命令行：在命令行输入 sphere。

● 工具栏：单击"建模"工具栏中"球体"按钮○。

● 菜单栏：选择"绘图">"建模">"球体"命令。

启动"球体"命令后，命令行提示：

指定中心点或 [三点(3P)/两点(2P)/相切、相切、半径(T)]：

指定中心点后，命令行提示：

指定半径或 [直径(D)]：

按上述命令操作即可绘制出球体表面。有时所绘制出的球体，其外形线框的条数太少，不能完全反映整个球体的外观，此时可通过改变 ISOLINES 的值来增加线条的数量，如图 9.6 所示。

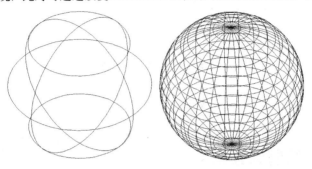

ISOLINES=4　　　　ISOLINES=400

图9.6　改变ISOLINES的值增加线条的数量

9.2.3　绘制圆柱体

圆柱体命令用来绘制圆柱体或椭圆柱体。网线密度由系统变量 ISOLINES 决定，默认值为 4。

启动"圆柱体"命令的执行方式如下。

● 命令行：在命令行输入 cylinder。

● 工具栏：单击"建模"工具栏中的"圆柱体"按钮◎。

● 菜单栏：选择"绘图">"建模">"圆柱体"命令。

命令行提示：

指定底面的中心点或[三点（3P）/两点（2P）/相切、相切、半径（T）/椭圆（E）]：

其中各项的具体解释如下。

● 中心点：通过坐标输入或在绘图区域任意单击一点，指定圆柱体底面的中心点。

● 三点（3P）：通过坐标输入或在绘图区域指定三点来绘制圆柱体。

● 两点（2P）：通过坐标输入或在绘图区域指定两点确定圆柱底面圆的直径，然后通过输入高度绘制圆柱体。

● 相切、相切、半径：定义具有指定半径，且与两个对象相切的圆柱体底面。

● 椭圆：指定圆柱体的椭圆底面。

例 9.2　绘制一个圆柱体，如图 9.7 所示。

操作步骤：

命令: cylinder

指定底面的中心点或[三点（3P）/两点（2P）/相切、相切、半径（T）/椭圆（E）]：
//在绘图区域中单击一点，指定圆柱体底面的中心点的位置

指定底面半径或[直径(D)]<默认值>:50　　　//输入圆柱体底面的半径50，按【Enter】键

指定高度或[两点(2P)/轴端点(A)]<默认值>:100　　　//输入圆柱体的高度100，按【Enter】键

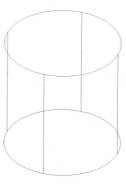

图9.7　圆柱体

9.2.4　绘制圆锥体

圆锥体是由圆或圆底面及顶点所定义的，顶点确定了圆锥体的高度和方向。

启动"圆锥体"命令的执行方式如下。

● 命令行：在命令行输入 cone。
● 工具栏：单击"建模"工具栏中的"圆锥体"按钮△。
● 菜单栏：选择"绘图 (D)> 建模 (M)> 圆锥体 (O)"命令。

命令行提示：

指定底面的中心点或[三点(3P)/两点(2P)/相切、相切、半径(T)/椭圆　(E)]：

其中各项的具体解释如下。

● 中心点：通过对点坐标输入或在绘图区域指定任意一点，以确定圆锥体底面圆的中心点（即圆的圆心），然后通过确定圆的半径和锥体高度来绘制圆锥体。
● 三点：通过三点坐标的输入或在绘图区域指定任意三点来绘制圆锥体。
● 两点：通过坐标输入或在绘图区域指定两点确定圆锥体底面圆的直径，然后通过输入高度绘制圆锥体。
● 相切、相切、半径：定义具有指定半径，且与两个对象相切的圆锥体底面。
● 椭圆：创建圆锥体的椭圆底面。

例 9.3　绘制一个圆锥体，如图 9.8 所示。

操作步骤：

命令: cone

指定底面的中心点或[三点(3P)/两点(2P)/相切、相切、半径(T)/椭圆　(E)]：　　　//在绘图区域任意指定一点，确定底面圆的中心位置

指定底面半径或[直径(D)]<默认值>: 120　　　//输入底面圆的半径

指定高度或[两点(2P)/轴端点(A)/顶面半径(T)]<默认值>: 500　　　//输入圆锥体的高度500

图9.8　圆锥体

9.2.5　绘制楔体

楔体实际是半个长方体。使用"绘制楔体"命令可以创建五面三维实体，并使其倾斜面沿 X 轴方向。

启动"楔体"命令的执行方式如下。

● 命令行：在命令行输入 wedge。

● 工具栏：单击"建模"工具栏中的"楔体"按钮 。

● 菜单栏：选择"绘图">"建模">"楔体"命令。

命令行提示：

指定第一个角点或[中心（C）]:

指定其他角点或[立方体（C）/长度（L）]:

其中各项的具体解释如下。

● 指定楔体的角点：指定楔体的两点绘制楔体。

● 立方体：绘制等边的楔体。

● 长度：使用长度、宽度、高度创建楔体。

● 中心：使用指定的中心点创建楔体。

例9.4　绘制一个楔体，如图9.9所示。

操作步骤：

命令: wedge

指定第一个角点或[中心（C）]:　　//单击一点，指定长方体底面一个角点的位置

指定其他角点或[立方体（C）/长度（L）]:L　　//使用长度绘制长方体

指定长度: 300

指定宽度: 100

指定高度: 120　　　//楔体绘制完成

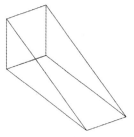

图9.9　楔体

9.2.6　绘制圆环体

圆环体是生活经常见到的实体图形，它与轮胎和救生圈相似。圆环体与当前UCS的XY平面平行且被该平面平分。

启动"圆环体"命令的执行方式如下。

● 命令行：在命令行输入torus。

● 工具栏：单击"建模"工具栏中的"圆环体"按钮◎。

● 菜单栏：选择"绘图">"建模">"圆环体"命令。

命令行提示：

指定中心点或[三点(3P)/两点(2P)/相切、相切、半径(T)]：

其中各项具体解释如下。

● 中心点：通过坐标输入或在绘图区域单击任意一点，以指定中心点，再将放置圆环体以使其中心轴与当前用户坐标系(UCS)的Z轴平行。

● 三点（3P）：用指定的三个点定义圆环体的圆周。

● 两点（2P）：用指定的两个点定义圆环体的圆周。

● 相切、相切、半径：使用指定半径定义可与两个对象相切的圆环体。

例9.5　绘制一个圆环体，如图9.10所示。

操作步骤：

命令：torus

指定中心点或[三点(3P)/两点(2P)/相切、相切、半径(T)]：　　//在绘图区域单击任意一点，以确定圆柱体底面的中心位置

指定半径或[直径(D)]<默认值>：120　　//输入圆环体底面的半径120，按【Enter】键

指定圆管半径或[两点(2P)/直径(D)]：10　　//输入圆管的半径10，按【Enter】键

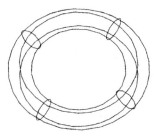

图9.10　圆环体

9.2.7 绘制多段体

启动"多段体"命令的执行方式如下。

- 命令行：在命令行输入 polysolid。
- 工具栏：单击"建模"工具栏上的"多段体"按钮 。
- 菜单栏：选择"绘图" > "建模" > "多段体"命令。

命令行提示：

指定起点或[对象(O)/高度(H)/宽度(W)/对正(J)] <对象>:

其中各项的具体解释如下。

- 对象：可将直线、样条曲线及圆弧等线型转化为多段体。
- 高度：设置多段体的高度。
- 宽度：设置多段体的宽度。
- 对正：输入对正方式，包括左对正、居中与右对正三种方式。

例 9.6 绘制一个多段体，如图 9.11 所示。

操作步骤：

命令: polysolid

指定起点或[对象(O)/高度(H)/宽度(W)/对正(J)] <对象>:   //在绘图区域任意单击一点指定起点

指定下一个点或[圆弧(A)/放弃(U)]:A

指定圆弧的端点或[方向(D)/直线(L)/第二点(S)/放弃(U)]   //单击指定圆弧端点

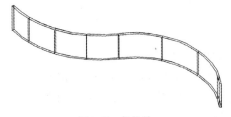

图9.11 多段体

9.3 编辑三维对象

在 AutoCAD 中，可以使用三维编辑命令，且在三维空间中移动、复制、镜像、对齐以及阵列三维对象，剖切实体以获取实体的截面，编辑它们的面、边或体。在绘图过程中，为了使实体对象看起来更加清晰，可以消除图形中的隐藏线，但要创建更加逼真的模型图像，就需要对三维实体对象进行渲染处理，以增加色泽感。

9.3.1 编辑实体的边

启动"编辑实体的边"命令的执行方式如下。

● 工具栏：单击"实体编辑"工具栏上的"复制边"按钮 🗐。

● 菜单栏：选择"修改">"实体编辑">"复制边"命令。

如图 9.12 所示为复制长方体左侧四条边的结果。

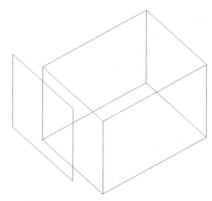

图9.12　复制长方体左侧四条边的结果

9.3.2　编辑实体的面

编辑实体面有多种方法，包括拉伸面、移动面、偏移面、删除面等，下面具体介绍如何使用三维命令编辑三维实体面。

1. 拉伸面

通过选择一个或多个实体面，指定一个高度和倾斜角或指定一条拉伸路径，来得到一个新的实体。

启动"拉伸面"命令的执行方式如下。

● 命令行：在命令行输入 solidedit。

● 工具栏：单击"实体编辑"工具栏上的"拉伸面"按钮 🗐。

● 菜单栏：选择"修改">"实体编辑">"拉伸面"命令。

执行上述命令后，命令行提示：

选择面或［放弃(U)/删除(R)］：

各选项解释如下。

● 选择面：选择要拉伸的面即可。

● 放弃：取消选择最近添加到选择集中的面后将重显示提示。

● 删除：从选择集中删除以前选择的面，系统显示：

删除面或［放弃(U)/添加(A)/全部(ALL)］：　//选择一个或多个面、输入选项或按【Enter】键

选择一个面后，命令行提示：

选择面或　［放弃(U)/删除(R)/全部(ALL)］：//单击鼠标右键，选择"确认"即可

指定拉伸高度或　［路径(P)］：p//输入，选择拉伸路径

选择拉伸路径：//选择拉伸路径，然后选择"退出"即可

例 9.7　将实体的面进行拉伸面操作。

操作步骤：

命令：solidedit

选择面或[放弃(U)/删除(R)]：　　//选择图中要进行移动的面，如图9.13所示

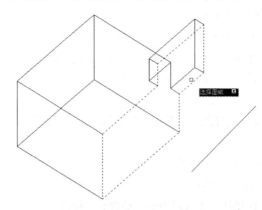

图9.13　选择进行移动的面

选择面或[放弃(U)/删除(R)/全部(ALL)]：//单击鼠标右键，选择"确认"命令结束选择面命令

指定拉伸高度或[路径(P)]：20　　//结果如图9.14所示

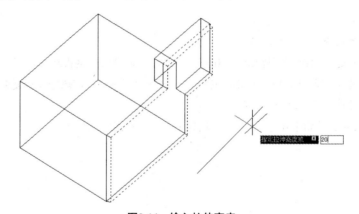

图9.14　输入拉伸高度

选择拉伸路径命令，即可得到拉伸面效果图，如图 9.15 所示。

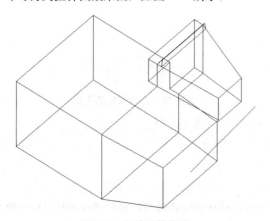

图9.15　拉伸面效果图

2．移动面

沿指定的高度或距离移动选定的三维实体对象的面，移动时可以只改变选定的面而不改变其方向。

启动"移动面"命令的执行方式如下。

● 命令行：在命令行输入 solidedit。

● 工具栏：单击"实体编辑"工具栏中的"移动面"按钮 🖲⁺。

● 菜单栏：选择"修改">"实体编辑">"移动面"命令。

3．偏移面

通过指定偏移距离移动所选择的面。其中，距离的值为正值时增大实体尺寸，距离为负值时减小尺寸。

启动"偏移面"命令的执行方式如下。

● 命令行：在命令行输入 solidedit。

● 工具栏：单击"实体编辑"工具栏中的"偏移面"按钮 🖲。

● 菜单栏：选择"修改">"实体编辑">"偏移面"命令。

例 9.8 将实体的面进行偏移面操作。

操作步骤：

命令：solidedit

实体编辑自动检查：solidcheck=1

输入实体编辑选项 [面(F)/边(E)/体(B)/放弃(U)/退出(X)] <退出>：face

输入面编辑选项 [拉伸(E)/移动(M)/旋转(R)/偏移(O)/倾斜(T)/删除(D)/复制(C)/颜色(L)/材质(A)/放弃(U)/退出(X)] <退出>：offset

选择面或[放弃(U)/删除(R)]：　　　　//找到一个面，如图9.16所示

图9.16　进行编辑的实体

选择面或 [放弃(U)/删除(R)/全部(ALL)]：

指定偏移距离：180

已开始实体校验

已完成实体校验

输入面编辑选项[拉伸(E)/移动(M)/旋转(R)/偏移(O)/倾斜(T)/删除(D)/复制(C)/颜色(L)/材质(A)/放弃(U)/退出(X)] <退出>：X

实体编辑自动检查：solidcheck=1

输入实体编辑选项 [面(F)/边(E)/体(B)/放弃(U)/退出(X)] <退出>：X

命令：hide

正在重生成模型　//效果如图9.17所示

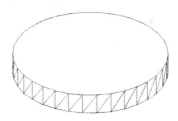

图9.17　进行偏移面操作后的效果

4．删除面

删除面命令可以删除三维实体的某些表面，可删除的表面包括内表面、圆角和倒角等。

启动"删除面"命令的执行方式如下。

● 命令行：在命令行输入 solidedit。

● 工具栏：单击"实体编辑"工具栏中的"删除面"按钮 。

● 菜单栏：选择"修改"＞"实体编辑"＞"删除面"命令。

5．旋转面

用于对实体的某个面进行旋转处理，从而形成新的实体。该命令可以将一些特征旋转到新的方位。

启动"旋转面"命令的执行方式如下。

● 命令行：在命令行输入 solidedit。

● 工具栏：单击"实体编辑"工具栏上的"旋转面"按钮 。

● 菜单栏：选择"修改"＞"实体编辑"＞"旋转面"命令。

执行上述命令后，命令行提示：

选择面或[放弃(U)/删除(R)/全部(ALL)]：　//选择一个或多个面、输入选项或按【Enter】键

指定轴点或[经过对象的轴(A)/视图(V)/X轴(X)/Y轴(Y)/Z轴(Z)]<两点>：　//输入选项、指定点或按【Enter】键

各选项解释如下。

● 两点：使用两个点定义旋转轴。

● 经过对象的轴：将旋转轴与现有对象对齐。可选择直线、圆、圆弧、椭圆、二维多段线、三维多段线和样条曲线等。

● 视图：将旋转轴与当前通过选定点的视口的观察方向对齐。

● X轴、Y轴、Z轴：将旋转轴与通过选定点的轴（X、Y、Z）对齐。

例9.9　将图9.18中长方体的上表面绕AB轴旋转45°，效果如图9.19所示。

操作步骤：

命令：solidedit

实体编辑自动检查：solidcheck =1

输入实体编辑选项 [面(F)/边(E)/体(B)/放弃(U)/退出(X)] <退出>：face

输入面编辑选项 [拉伸(E)/移动(M)/旋转(R)/偏移(O)/倾斜(T)/删除(D)/复制(C)/颜色(L)/材质(A)/放弃(U)/退出(X)] <退出>: rotate

选择面或 [放弃(U)/删除(R)]: //找到一个面

选择面或 [放弃(U)/删除(R)/全部(ALL)]: //如图9.18所示

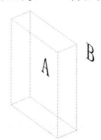

图9.18 进行旋转操作的长方体

指定轴点或 [经过对象的轴(A)/视图(V)/X 轴(X)/Y 轴(Y)/Z 轴(Z)] <两点>: //指定点A

在旋转轴上指定第二个点: //指定点B

指定旋转角度或 [参照(R)]: 45

已开始实体校验

已完成实体校验

输入面编辑选项 [拉伸(E)/移动(M)/旋转(R)/偏移(O)/倾斜(T)/删除(D)/复制(C)/颜色(L)/材质(A)/放弃(U)/退出(X)] <退出>: X

实体编辑自动检查: solidcheck=1

输入实体编辑选项 [面(F)/边(E)/体(B)/放弃(U)/退出(X)] <退出>: X //如图9.19所示

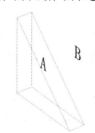

图9.19 旋转后的效果

6．倾斜面

倾斜面是指按一个角度将面进行倾斜。

启动"倾斜面"命令的执行方式如下。

● 命令行：在命令行输入 solidedit。

● 工具栏：单击"实体编辑"工具栏中的"倾斜面"按钮 。

● 菜单栏：选择"修改">"实体编辑">"倾斜面"命令。

7．复制面

复制面命令可以将有实体的表面复制并移动到指定的位置。

启动"复制面"命令的执行方式如下。

● 命令行：在命令行输入 solidedit。

● 工具栏：单击"实体编辑"工具栏中的"复制面"按钮 。

● 菜单栏：选择"修改">"实体编辑">"复制面"命令。

复制面的操作方法与复制边的操作方法基本相同。

8. 着色面

着色面是指通过指定面的颜色来改变模型的显示效果。

启动"着色面"命令的执行方式如下。

● 命令行：在命令行输入 solidedit。

● 工具栏：单击"实体编辑"工具栏中的"着色面"按钮。

● 菜单栏：选择"修改">"实体编辑">"着色面"命令。

9.4 三维图形的渲染

三维图形是在图形中设置了光源、背景和场景，并为三维图形的表面附着材质，使其产生非常逼真的效果。

9.4.1 光源

光源的设置会直接影响渲染的效果，AutoCAD 提供了点光源、平行光和聚光灯灯光源。

启动"光源"命令的执行方式如下。

● 命令行：在命令行输入 light。

● 工具栏：单击"渲染"工具栏中的"光源"按钮。

● 菜单栏：选择"视图">"渲染">"光源"命令，如图 9.20 所示。

图9.20　"光源"子菜单

各选项解释如下。

● 新建点光源：用来创建点光源。选择此项后，命令行会提示："指定源位置 <0,0,0>:"并且鼠标指针变为⊕形状。指定光源位置后，会要求输入要更改的选项,对点光源参数进行设置，如图 9.21 所示。

图9.21　点光源参数设置选项

● 新建聚光灯：用来创建聚光灯。

● 新建平行光：用来创建平行光。

9.4.2 附着材质

为三维图形的表面附着材质，如钢、木材、塑料等，可以增加渲染图的真实效果。

启动"材质"命令的执行方式如下。

● 命令行：在命令行输入 materials。

● 工具栏：单击"渲染"工具栏中的"材质"按钮。

● 菜单栏：选择"视图">"渲染">"材质"命令。

执行上述命令后，弹出如图 9.22 所示的"材质"窗口，可以对材质的有关参数进行设置。

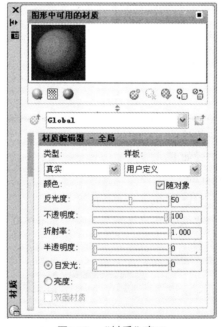

图9.22 "材质"窗口

9.5 综合案例——绘制三维圆桌

学习目的

熟悉"直线"、"圆"、"圆角"、"旋转面"、"拉伸面"等命令。

重点难点

✿ 绘制直线、圆的方法

✿ 旋转面、拉伸面命令的使用

✿ 圆角命令的使用

本实例绘制的"三维圆桌"最终效果图如图 9.23 所示。

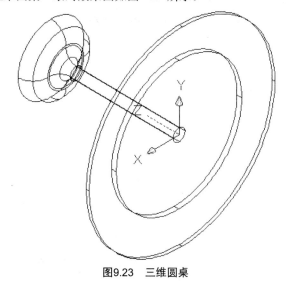

图9.23 三维圆桌

操作步骤

1. 设置绘图边界

Step 01 在命令行输入"limits"命令。

Step 02 输入左下角点坐标为（0，0），右上角点坐标为（200，150），绘制后如图 9.24 所示。

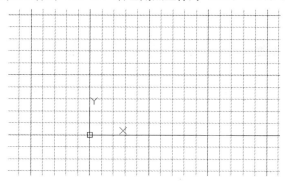

图9.24 图形界限

2. 设置绘图区域

Step 01 在命令行输入"zoom"命令。

Step 02 输入 A 并按【Enter】键。

3. 绘制三维圆桌的底座

Step 01 在命令行输入 line，按【Enter】键，利用"直线"命令，配合"正交"功能，把绘图区的任意一点作为起点，分别引导光标向下、左、下、右、上依次绘制尺寸为"38"、"9"、"5"、"11"、"43"个绘图单位，使直线形成闭合图形，作为支撑和底座的外轮廓线。

Step 02 在命令行输入 fillet，按【Enter】键，利用"圆角"命令，设置半径为"3.5"，分别选择从上数第二条水平线段和从左数第二条垂直线段的相交部分，进行圆角编辑。

Step 03 在命令行输入 fillet，按【Enter】键，重复"圆角"命令，设置半径为"5"，分别选择从上数第二条水平线段和从左数第一条垂直线段的相交部分，进行圆角编辑，效果如图 9.25 所示。

图9.25　绘制圆角矩形

Step 04 单击"绘图"工具栏中的"面域"按钮，将之前所绘制的图形创建为面域。

要点提示

面域是使用形成闭合环的对象创建的二维闭合区域。环可以是直线、多段线、圆、圆弧、椭圆、椭圆弧和样条曲线的组合。面域是具有物理特性（如质心）的二维封闭区域。可以将现有面域合并为单个复合面域来计算面积。

Step 05 在菜单栏下面空白处单击鼠标右键，选择"工具">"工具栏">"AutoCAD">"视图"命令，调出"视图"工具栏，如图 9.26 所示。

图9.26　"视图"工具栏

Step 06 单击"视图"工具栏中的"东南等轴测"按钮，将视图调整为东南等轴测视图，调整后效果如图 9.27 所示。

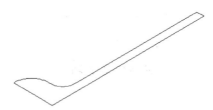

图9.27　将视图调整为东南等轴测

Step 07 在菜单栏下面空白处单击鼠标右键，选择"工具">"工具栏">"AutoCAD">"建模"命令，调出"建模"工具栏，如图 9.28 所示。

图9.28　"建模"工具栏

Step 08 单击"建模"工具栏中的"旋转"按钮，分别以图形右上角角点和右下角角点为旋转轴端点，设置"旋转角度"为"360°"，旋转圆桌的底座，效果如图 9.29 所示。

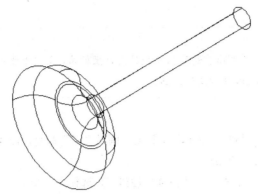

图9.29　将图形旋转360°

要点提示

　　通过绕轴扫掠二维对象来创建三维实体或曲面。使用 revolve 命令，用户可以通过绕轴旋转开放或闭合的平面曲线来创建新的实体或曲面。这样可以旋转多个对象。

4. 旋转三维圆桌底座

Step 01　单击"视图"工具栏中的"东北等轴测"按钮，将视图调整为东南等轴测视图。

Step 02　在菜单栏下面空白处单击鼠标右键，在选择"工具">"工具栏">"AutoCAD">"UCS"，调出"UCS"工具栏，如图9.30所示。

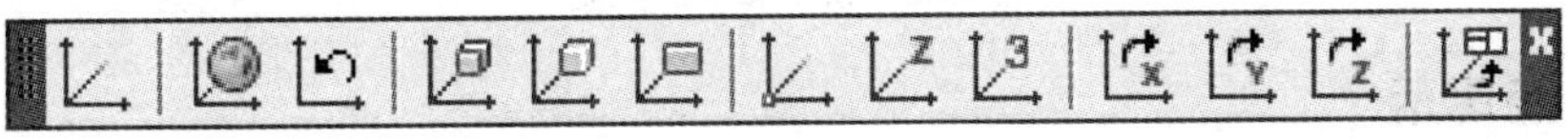

图9.30　"UCS"工具栏

Step 03　单击"UCS"工具栏中的"X"按钮，将坐标沿 X 轴旋转 90°。

要点提示

　　也可单击"建模"工具栏中的"旋转"按钮，执行"旋转"命令。

Step 04　单击"UCS"工具栏中的"原点"按钮，以图形右下支柱顶面的圆心中心点为坐标系的新原点，效果如图 9.31 所示。

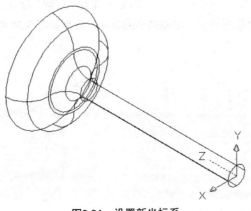

图9.31　设置新坐标系

要点提示

　　"UCS"概念——可以重新定位和旋转用户坐标系,以便于使用坐标输入、栅格显示、栅格捕捉、正交模式和其他图形工具。

5. 绘制圆桌的托盘

Step **01** 在命令行输入 circle,按【Enter】键,调出"圆"命令,以上一步中设置的新坐标原点为圆心,绘制一个半径为 21 的圆。

Step **02** 单击"建模"工具栏中的"拉伸"按钮,选择上一步中所绘制的圆,沿 Z 轴负方向拉伸"1.6"个绘图单位,绘制圆桌的托盘,效果如图 9.32 所示。

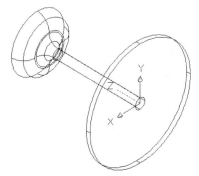

图9.32　绘制圆桌的托盘

 要点提示

　　可以通过拉伸选定的对象创建实体和曲面。使用 extrude 命令从对象的公共轮廓创建实体或曲面。如果拉伸闭合对象,则生成的对象为实体。如果拉伸开放对象,则生成的对象为曲面。

6. 绘制圆桌的茶几

Step **01** 在命令行输入 circle,按【Enter】键,重复"圆"命令,以坐标原点为中心,绘制一个半径为"31"个绘图单位的圆,效果如图 9.33 所示。

Step **02** 单击"建模"工具栏中的"拉伸"按钮,重复"拉伸"命令,选择上一步中所绘制的圆,沿 Z 轴负方向拉伸"-1"个绘图单位,绘制圆桌的茶几,效果如图 9.34 所示。

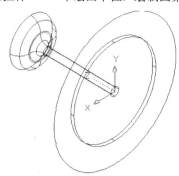

图9.33　绘制大圆

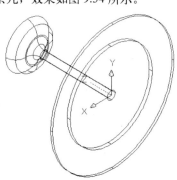

图9.34　绘制圆桌的茶几

7. 对其进行动态观察并保存

Step 01 在菜单栏下面空白处单击鼠标右键，在选择"工具" > "工具栏" > "AutoCAD" > "动态观察"，调出"动态观察"工具栏，如图 9.35 所示。

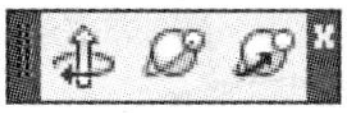

图9.35 "动态观察"工具栏

 要点提示

三维导航工具允许用户从不同的角度、高度和距离查看图形中的对象。使用三维工具在三维视图中可进行动态观察、回旋、调整距离、缩放和平移等操作。

Step 02 单击"动态观察"工具栏中的"连续动态观察"按钮，按住鼠标左键在绘图区拖曳，可以通过不同的角度观察图形。

要点提示

可以按【Esc】或【Enter】键退出三维动态观察器，或者单击鼠标右键显示快捷菜单。

Step 03 选择"文件" > "保存"命令，对图形文件进行保存。文件格式为 .dwg。

9.6 习题

一、填空题

1. 面域是使用形成闭合环的对象创建的 _____ 。

2. "旋转"命令可以通过绕轴扫掠二维对象来创建三维实体或 _____ 。

3. 可以重新定位和旋转用户坐标系，以便于使用 _____ 、栅格显示、栅格捕捉、正交模式和其他图形工具。

二、选择题

1. 在 AutoCAD 中，"面域"命令快捷键是（　　）。

A．ce　　　　　　　　　　　　B．ge

C．region　　　　　　　　　　D．re

2. 在 AutoCAD 三维建模中，"旋转"命令快捷键是（　　）。

A．extrude　　　　　　　　　　B．sweep

C．solidedit　　　　　　　　　D．revolve

3. 在 AutoCAD 三维建模中，"拉伸"命令快捷键是（　　）。

A．extrude　　　　　　　　　　B．sweep

C．solidedit　　　　　　　　　D．revolve

三、上机操作题

1. 利用"直线"、"圆"、"修剪"、"圆角"、"旋转"等命令绘制如图 9.36 所示三维酒杯。

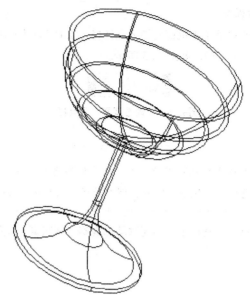

图9.36 三维酒杯

2. 绘制三维信箱，使用"多段线"、"拉伸"命令，效果如图 9.37 所示。

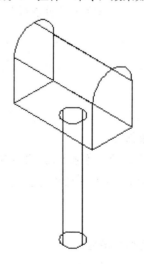

图9.37 三维信箱

第10章 KTV歌厅室内装潢施工设计

为了进一步掌握 AutoCAD 2012 中文版在室内设计制图中的应用，同时也熟悉不同建筑类型的室内设计，本章将选取一个歌厅的室内设计制图作为实例。此歌厅包括酒吧、舞厅、KTV 包房、屋顶花园等几部分，涉及面较广，比较典型。

→ **学习目标**

- 了解如何规划图形内部结构
- 掌握绘制室内平面图的方法
- 掌握绘制室内立面图的方法
- 掌握绘制室顶棚图的方法

10.1 系统设计说明

在软件方面，除了进一步介绍各种绘图、编辑命令的使用外，还结合实例介绍"设计中心"、"工具选项板"、"图纸集管理器"的应用；在设计图方面，除了介绍平面图、立面图、顶棚以外，还重点介绍各种详图的绘制。

10.1.1 歌厅室内设计概述

KTV 歌厅是常见的一种公共娱乐场所，它集歌舞、酒吧、茶室、咖啡厅等功能于一身。KTV歌厅的室内活动空间可以分为入口区、歌舞区及服务区 3 大部分。入口区往往设服务台、出纳结账、长衣帽寄存等空间。歌舞区是主要活动场所，其中又包括舞池、舞台、坐席区、酒吧等部分。在歌舞区，宾客可以进行唱歌、跳舞等活动。较高级的歌舞厅还专门设置卡拉 OK 包房，它是较私密性的演唱卡拉 OK 空间。卡拉 OK 包房内常设沙发、茶几、卡拉 OK 设备，较大的包房设置一个小舞池，供客人兴趣所致时翩翩起舞。服务区一般设置声光控制室、化妆室、餐饮供应、卫生间、办公室等空间。声光控制室、化妆室一般要临近舞台。餐饮供应需要根据歌舞厅的大小及功能确定。至于卫生间，应该男女分开，蹲位足够，临近歌舞区、路程短。办公室的设置可以根据具体情况和业主的需要来确定。KTV 空间分布图如图 10.1 所示。

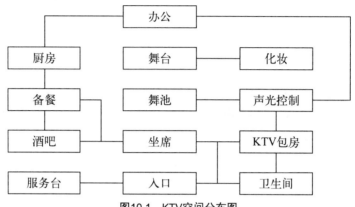

图10.1　KTV空间分布图

在塑造歌舞厅室内环境时，光环境、声环境的运用发挥着重要的作用。在歌舞区，舞台处的灯光应具有较高的照度，稍微降低各种光色的变化；在舞池区域，则要降低光的照度，增加光色的变化。常见的做法是，采用成套的歌舞厅照明系统来创建流光四溢、扑朔迷离的光照环境。有的舞池地面采用架空的钢化玻璃，玻璃下设置各种反照灯光加倍渲染舞池气氛。在座席区和包房中多采用一般照明和局部照明相结合的方式来完成。总体来说，它们所需的照度都比较低，最好是照度可调的形式，然后在局部用适当的光色的点光源来渲染气氛。至于吧台、服务台，应注意适当地提高光照度和显色性，以便工作的需要。在这样的大前提下，设计师可以发挥自己的创建力，利用不同的灯具形式和照明方式来塑造特定的歌舞厅光照气氛。此外，室内音响设计也是一个重要环节。采用较高品质的音响设备，配合合理的音响布置，有利于良好的声音环境。

材质的选择也非常重要。卡拉 OK 歌舞厅常用的室内装饰材料有木材、石材、玻璃、织物、皮革、墙纸、地毯等。木材使用广泛，不同木材形式可以用在不同的地方，如地面、墙面、顶棚、家具陈设。石材主要指花岗石和大理石，多用于舞池地面、入口地面、墙面等地方。玻璃的使用也比较广泛，可用于地面、隔断、家具陈设等，各式玻璃配合光照形式特殊的艺术效果。织物和皮革具有装饰、吸声、隔声的作用，多用于舞厅、包房的墙面。墙纸多用于舞厅、包房的墙面。地毯多用于座席区地面、公共走道、包房的地面，它具有装饰、吸声、隔声、保暖等作用。

10.1.2　实例简介

本实例是一个目前国内比较典型的歌舞厅室内设计。该舞厅楼层处于某市商业区的一座钢筋混凝土框架房屋的顶层。该楼层原为餐馆，业主现打算将它改为卡拉 OK 歌舞厅，室内设歌舞区、酒吧、KTV 包房等活动场所，并利用与该楼相齐平的局部屋顶设计一个屋顶花园，并考虑在花园内设少量茶座。与屋顶花园临近的室内部分原为餐馆的厨房。歌舞厅建筑平面图、平面布置图分别如图 10.2、图 10.3 所示。

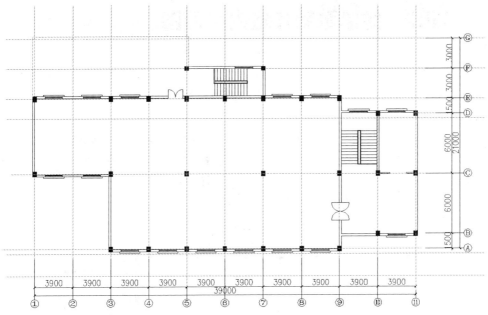

图10.2 歌舞厅建筑平面图

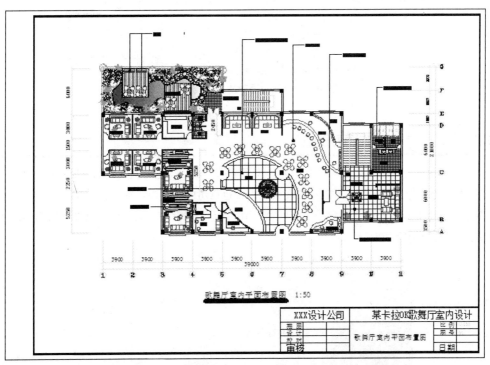

图10.3 歌舞厅平面布置图

一般来说，设计 KTV 歌厅室内装潢时需要用到的国家标准建筑符号如表 10.1 所示。

表10.1 国家标准建筑符号

符 号	名 称	尺 寸	符 号	名 称	尺 寸
∿∿	波浪线	≤0.25b	▽ 2.750	标高符号	≤0.25m

10.2 绘制歌舞厅室内平面图

针对本实例的具体情况，本节首先给出室内功能及交通流线分析图，然后讲解主要功能区的平面图的绘制，分别是入口区、酒吧、歌舞区、KTV 包房区、屋顶花园等几部分，最后简单介绍尺寸、文字标注、插入图框的要点。

如前所述，该歌舞厅场地原为餐馆，现改做歌舞厅，因而其内部的所有隔墙及装饰层需要全部清除掉。为了把握歌舞厅室内各区域分布情况，以便讲解图形的绘制，现给出如图 10.4 所示的楼层平面功能及流线分析图。

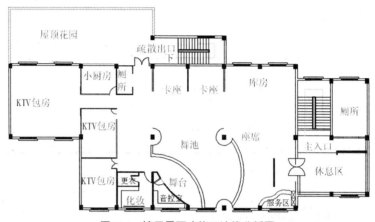

图10.4 楼层平面功能及流线分析图

10.2.1 绘图前准备

本建筑平面比较规整，绘制的难度不大，为了节约篇幅，在此不叙述它的绘制过程。本书已给出了某歌舞厅建筑平面图，读者可以打开直接利用，也可仿照该图进行练习。

事先在硬盘中适当的位置建立一个文件夹，取名为"歌舞厅室内设计"，如图 10.5 所示，用于存放该实例所有的图形文件。

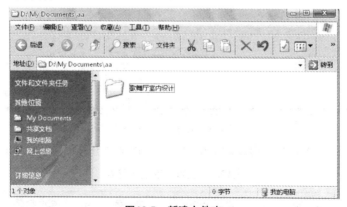

图10.5 新建文件夹

打开歌舞厅建筑平面图文件，将它另存在刚才的文件夹内，取名为"室内平面图 .dwg"。

在这张图样中来绘制室内部分的平面图形。读者可以看到该文件包含了现有图形所需的图层、图块及文字、尺寸、标注等样式。在下面的绘制过程中，若需要增加图层、样式，可通过"设计中心"来直接引用前面有关章节的内容，以此了解"设计中心"的方便快捷之处。

利用前面章节所学知识建立一个名为"第10章的图块"的工具选项板选项卡，包含沙发、吧台椅、茶桌、卡座、马桶、植物、长椅、洗脸盆、浴缸、小便池、门等图块。

10.2.2　绘制入口区域

在功能及流程分析图中，入口区域包括楼梯口处的门厅、休息区域布置、服务台布置等内容。先绘制隔墙、隔断，然后布置家具陈设，再绘制地面材料图案。

1. 设置绘图边界

（1）单击"窗口放大"按钮⊕将门厅区放大显示，如图10.6所示。

（2）单击"偏移"按钮，由红色的C轴线向下偏移复制出一条轴线，偏移距离为1500mm，如图10.7所示。

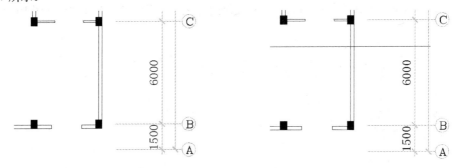

图10.6　放大图形　　　　　　　　　　图10.7　设置偏移

（3）选择"菜单">"绘图">"多线"命令，将多线的对正方式设置为"无"，比例高设置为"100"，沿新增轴线由右向左绘制多线，如图10.8所示。

命令行提示：

命令：mline

当前设置：对正=无，=100.00，样式=MLSTYLE01

指定起点或[对正(J)/比例(S)/样式(ST)]：

指定下一点：@-3000,0//按【Enter】键

指定下一点或[放弃(U)]:@0,-400]://按【Enter】键

指定下一点或[闭合(C)/放弃(U)]：//按【Enter】键

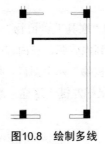

图10.8　绘制多线

（4）入口屏风。单击"偏移"按钮，由⑧轴线和前面新增的轴线分别向右和向下偏移复制出两条轴线，偏移距离分别为1500mm、2250mm，这两条直线交于A点，如图10.9所示。

（5）单击"多段"按钮以A点为起点，绘制一条长为3000mm的多线，然后用"移动"按钮将它向下移动，使其中的点与A点重合，这样，就绘好了屏风，如图10.10所示。

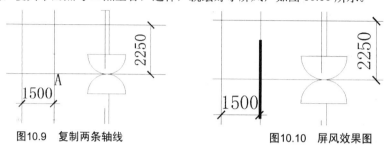

图10.9　复制两条轴线　　　　　　　　图10.10　屏风效果图

2. 休息区布置

在这里，打算利用前面绘制好的图形中的图层、图块相关资源。调用的方式是利用AutoCAD 2012提供的"设计中心"。

（1）单击"标准"工具栏中的"设计中心"按钮▦，打开"设计中心"窗口，如图10.11所示。

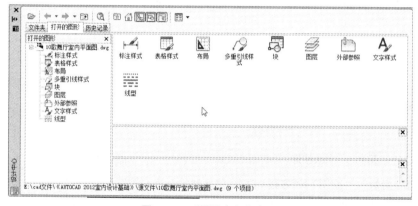

图10.11　"设计中心"窗口

> **要点提示**
>
> 该窗口总体上类似于Windows的"资源管理器"，窗口左边为树状图，右边为内容区。在左边树状图中浏览内容源，而在内容中显示内容。对于一张具体的图样，分别显示标注样式、表格样式、布局、块、图层、外部参照、文字样式、线型共8项内容。在树状图中选中每一项后，内容区内就显示它们包括的具体内容。选中具体的内容，按住并拖曳到当前绘图区，即可将这张图中的图块及相关设置复制到当前图样中。

（2）现在，将"室内平面图"中的"家具"、"植物"两个图层的设置拖动到当前平面图中。具体做法是：在设计中心的树状图中找到内容源，在内容区中显示各种图层的列表。按住【Ctrl】键，单击鼠标左键同时选中"家具"、"植物"两个图层，把鼠标指针放到选中的图层上，将它们拖曳到绘图区，然后放开【Ctrl】键和鼠标左键。这样，当前图层管理器中便多于两个图层，如图10.12所示。

图10.12　设置当前图层

（3）将"家具"层设置为当前层，下面插入家具图块。在"设计中心"窗口找到"X:\dwg\ 图块"文件，单击下面的"图块"选项，文件中的图块在右侧显示出来。选中"沙发3"，单击鼠标右键，在弹出的快捷菜单中选择"插入块"命令，弹出"插入"对话框，在对话框中可以更改"插入点"、"缩放比例"、"旋转角度"等参数。现在设置"角度"为"-140"，单击"确定"按钮，将"沙发3"插入到合适位置，如图10.13所示，在这里，也可以直接用鼠标将图块拖曳到图中，再根据具体需要进行旋转、缩放等操作。

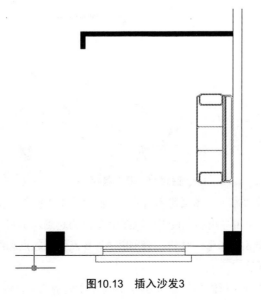

图10.13　插入沙发3

技巧

> 另一种在 AutoCAD 中插入图块的方法。在"设计中心"树状图中,选中"X:\dwg\ 图块"文件,单击鼠标右键,弹出快捷菜单,选择"创建工具选项板"命令;之后,屏幕上不会自动显示"工具选项板",并将该文件中的所有图块加入到"工具选项板"中。

(4)下面就从"工具选项板"中插入"沙发2"图块。选中"工具选项板"中的"沙发2"图块,松开按键,移动鼠标指针到绘图区,这时可以发现"沙发2"和鼠标指针粘在一起,浮动在屏幕上。命令行提示:"指定插入点或 [比例 (S)/X/Y/Z/ 旋转 (R)/ 预览比例 (PS)/PX/PY/PZ/ 预览旋转 (PR)]:",在命令行中输入"R",再输入旋转角度"140",然后在屏幕上指定插入点,效果如图 10.14 所示。

(5)单击"镜像"按钮将将"沙发2"复制到另一侧。然后绘制一个 500mm×1000mm 的矩形作为茶几面,并将四角进行倒角处理,倒角距离为 20mm,将它放在沙发前面,如图 10.15 所示。

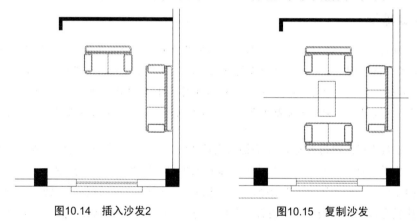

图10.14 插入沙发2 　　　　　图10.15 复制沙发

(6)将"植物"层置为当前层。从"工具选项板"中插入植物到沙发旁边,如图 10.16 所示。

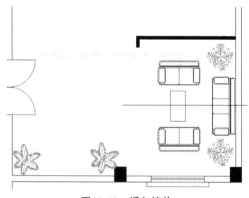

图10.16 插入植物

(7)服务台布置。先将"家具"图层置为当前层,然后单击"偏移"按钮,由 A 轴线向上偏移 1800mm 得到一个新轴线。单击"矩形"按钮,以图中 C 点为起点,绘制一个 500mm×1550mm 的矩形作为衣柜的轮廓;再单击"矩形"按钮,分别以 A、B 点作为起点和终点绘制一个矩形作为陈列柜的轮廓,如图 10.17 所示。

(8)单击"直线"按钮在矩形内部作适当分隔,并将柜子轮廓的颜色设为蓝色,如图 10.18 所示。

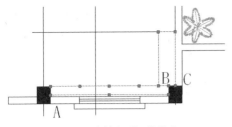

图10.17　绘制陈列柜的轮廓

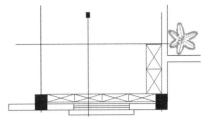

图10.18　设置柜子轮廓颜色

（9）单击"样条曲线"按钮，在柜子的前面绘制出台面的外边线，然后单击"偏移"按钮向内偏移 400mm 得到内边线，最后将这两条样条曲线颜色设置为蓝色，如图 10.19 所示。

（10）采用前面讲述的方法从"工具选项板"中找到吧台椅子，并指定插入到服务台前。插入第一把椅子后，重复插入时，只需按【Enter】键即可。由于服务台为曲线形，在插入时不方便直接从命令行输入具体角度，可先直接以原始角度定位图块，然后单击"修改"工具栏中的"旋转"按钮，以椅子为中心旋转基点，拖曳鼠标旋转到一定的角度，单击鼠标左键即可，如图 10.20 所示。

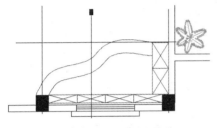

图10.19　设置曲线颜色

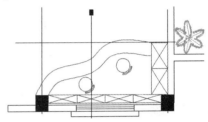

图10.20　插入吧台椅子

（11）到此为止，服务台区的家具陈设平面图形基本绘制结束。可以发现，大门和屏风位置离服务台太近，现将它们整体向上移动一定距离。在此利用捕捉两点来确定中点这个功能来确定入口处墙体的中心。首先，将"轴线"和"植物"层锁定；然后单击"直线"按钮，在绘图区适当位置点取一点作为起点，这时按住【Shift】键单击鼠标右键，弹出快捷菜单，选择"两点之间的中点"命令，如图 10.21 所示。

（12）此时，命令行提示："指定下一点或 [放弃 (U)]:_m2p 中点的第一点："，用鼠标单击 A 点，然后单击 B 点作为第二点，这样就自动确定了两点作为线段的终点，按【Enter】键后这条线段即绘制完毕，如图 10.22 所示。

图10.21　菜单命令

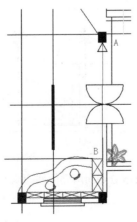

图10.22　绘制线段

（13）单击"修改"工具栏中的"拉伸"按钮，由右下角向左上角拉出矩形选框将门及屏风选中，以门洞的中点为基点，C 点为第二点，最终将大门及屏风位置调整好。最后把辅助线段删除，如图10.23 所示。

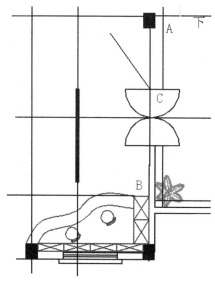

图10.23　调整大门及屏风位置

3. 地面图案

入口处的地面采用 600mm×600mm 的花岗岩铺地，门前地面上设计一个铺地拼花。

从"设计中心"内拖入"地面材料"图层，或者新建该图层，并将之置为当前，将"植物"、"家具"层关闭，并将"轴线"层解锁。

（1）绘制网格。单击"偏移"按钮，由⑨轴线向右偏移 11450mm 得到一条辅助线，沿该辅助线在门厅区域内绘制一条直线，再以大门的中点为起点绘制一条水平直线，如图 10.24 所示。

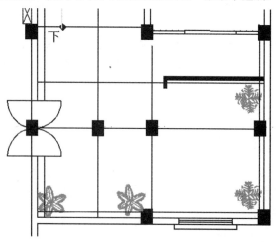

图10.24　绘制水平直线

（2）由这两条直线分别向两侧偏移 300mm，得到 4 条直线，如图 10.25 所示。

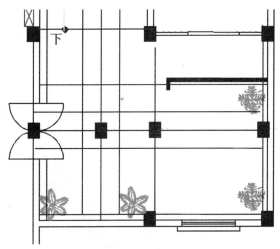

图10.25　偏移直线

（3）分别由这 4 条直线向四周阵列得出铺地网格，阵列间距为 600mm，如图 10.26 所示。

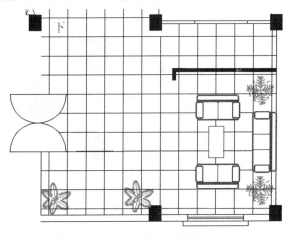

图10.26　阵列铺地网格

（4）绘制地面拼花。思路是在绘图区适当的位置绘制好拼花图案，再移动到具体位置。先绘制正方形，边长从大到小依次为 1200cm、600cm、300cm，然后在线框内填充色块，如图 10.27 所示。

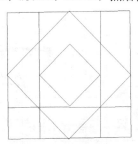

图10.27　绘制拼花图案

（5）这里采用一种填充图案的新方法，单击"选项工具板"上的"ISO 图案填充"选项中的一个色块，如图 10.28 所示。

（6）然后移动鼠标指针在图案线框内的需要位置上单击，即可完成一个区域的填充。按【Enter】键重复执行"填充"命令完成剩余色块的填充，如图 10.29 所示。

图10.28 "选项工具板"面板

图10.29 填充图案

（7）最后，将图案移动到图 A 点，如图 10.30 所示。

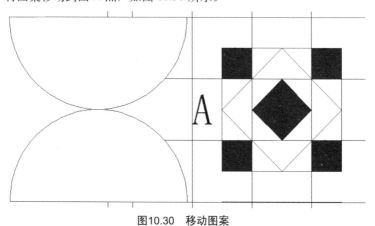

图10.30 移动图案

（8）修改地面图案。打开"家具"、"植物"图层，将那些与家具重合的线条和不需要的线条修剪掉，如图 10.31 所示。

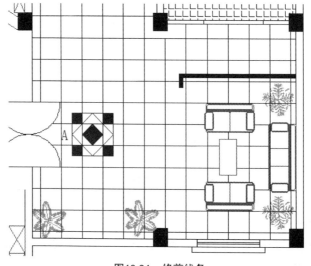

图10.31 修剪线条

（9）地面图案补充。绘制一个边长为150mm的正方形，对其进行旋转操作，旋转角度为45°，并在其中填充相同的色块，将该色块布置到地面网格节点上去，如图10.32所示。

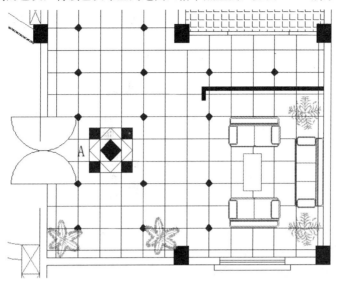

图10.32 填充地面图案

10.2.3 绘制酒吧

酒吧区的绘制内容包括吧台、酒柜、椅子等。将酒吧区域放大显示，将"家具"层置为当前层，开始绘制。

（1）吧台。绘制吧台外轮廓，在酒吧区域的窗口放大绘图范围，单击"样条曲线"按钮，绘制一条样条曲线，如图10.33所示。

（2）单击"偏移"按钮，将吧台外轮廓向外偏移500mm，完成吧台的绘制，并将吧台轮廓选中，颜色设置为蓝色，如图10.34所示。

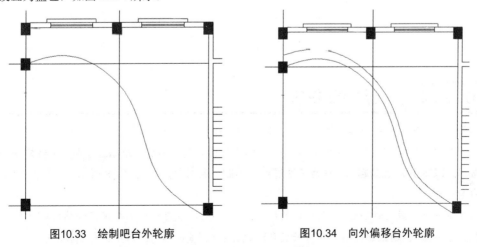

图10.33 绘制吧台外轮廓　　　　图10.34 向外偏移台外轮廓

（3）酒柜。在吧台的内部按吧台的弧线形式设计一个酒柜，如图10.35所示，酒柜内部墙角处作储藏用。在这里也可标出酒柜的样式及尺寸，读者可自行完成。

（4）布置椅子。在"选项"工具栏中找到"吧台椅"，将它插入到吧台前，单击"绘图"工具栏中的"旋转"按钮旋转定位，如图 10.36 所示。地面图案在此不绘出。

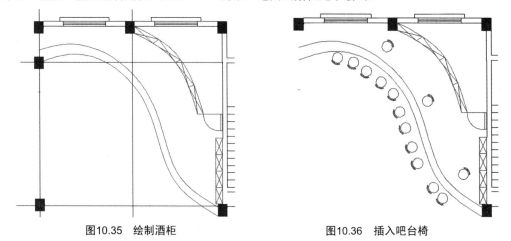

图10.35　绘制酒柜　　　　　　　　　　图10.36　插入吧台椅

（5）如果对一次绘出的曲线形式不满意，可以用鼠标将它选中，然后用鼠标指针拖曳进行调整，如图 10.37 所示，调整时建议将"对象捕捉"关闭。

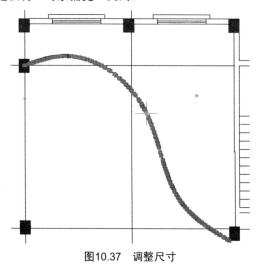

图10.37　调整尺寸

10.2.4　绘制歌舞区

歌舞区绘制内容包括舞池、舞台、声光控制室、化妆室、座席等。

（1）舞池和舞台。辅助定位线绘制，将"轴线"层设置为当前层。单击"绘图"工具栏中的"射线"按钮，以图中 A 点为起点、B 点为通过点，绘制一条射线，如图 10.38 所示。命令行提示：

命令：ray

指定下一个点或[圆弧(A)/半宽(H)/长度(L)/放弃(U)　/宽度(W)]：//用鼠标捕捉A点

指定下一点或[圆弧(A)/闭合(C)/长度(L)/放弃(U)　/宽度(W)]：//用鼠标捕捉B点

指定下一点或[圆弧(A)/闭合(C)/长度(L)/放弃(U)　/宽度(W)]：//按【Enter】键或单击右键确定

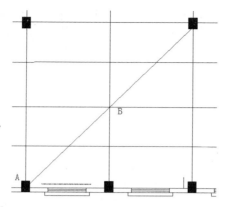

图10.38 绘制辅助定位线

（2）建立一个"舞池舞台"图层，参数设置如图10.39所示，并置为当前层。

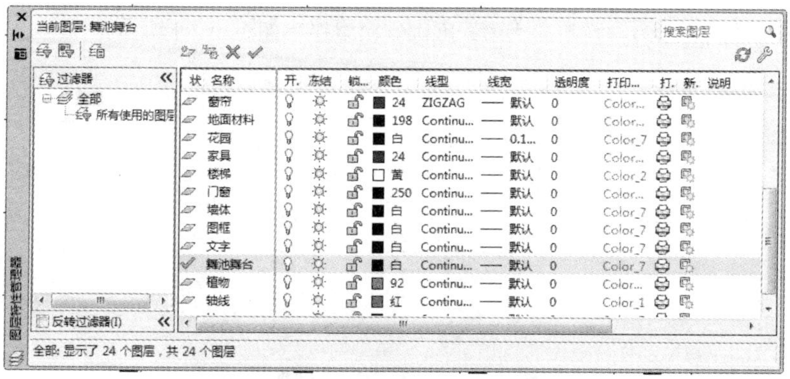

图10.39 设置舞池舞台为当前图层

（3）单击"圆"按钮，依次在图中绘制3个圆，如图10.40所示。绘制参数设置如下。

圆1：以点B为圆心，然后捕捉角C点确定半径。

圆2：以点C为圆心，然后捕捉角E点确定半径。

圆3：以点A为圆心，然后捕捉角B点确定半径。

（4）单击"修剪"按钮，对刚才绘制的3个圆进行修剪，如图10.41所示。

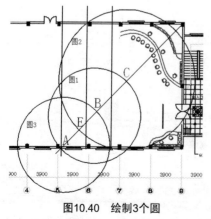

图10.40 绘制3个圆

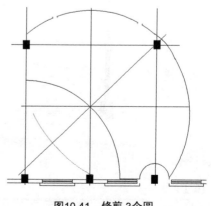

图10.41 修剪3个圆

（5）单击"偏移"按钮将两条大弧向外偏移300mm，并用"直线"命令补充左端缺口，交接处多余线条用"修剪"命令处理，如图10.42所示。

（6）为了把舞池周边的 3 根柱子排出在舞池之外，在柱周边绘制 3 个半径为 1400mm 的小圆，如图 10.43 所示。

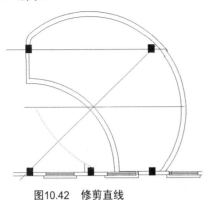

图10.42　修剪直线　　　　　　　　图10.43　绘制柱周边小圆

（7）然后，单击"修剪"按钮将不需要的部分修剪掉，如图 10.44 所示。

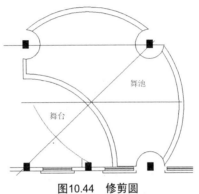

图10.44　修剪圆

（8）将"墙体"图层置为当前层。将舞台后的圆弧置换到"轴线"图层。绘制化妆室、声光控制室隔墙。单击"多线"按钮，先绘制出化妆室隔墙，如图 10.45 所示。

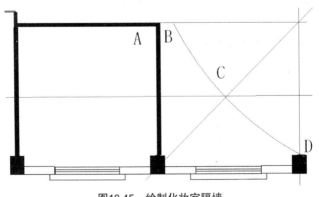

图10.45　绘制化妆室隔墙

技巧

　　BD 段设置障碍弧线，由这条线向两侧各偏移 50mm 得到弧墙，接着将初始的多段线删除。

（9）对于弧墙，不方便用"多线"命令绘制，因此单击"多段线"按钮，沿图中A、B、C、D点绘制一条多段线，如图10.46所示。

（10）如图10.47所示，单击"多线"命令绘制化妆室内更衣室隔墙，多线比例更改为"50"。

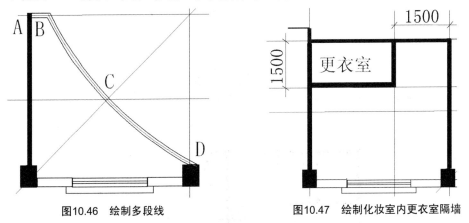

图10.46 绘制多段线　　　　　　图10.47 绘制化妆室内更衣室隔墙

（11）插入门图块。从"设计中心"中浏览以前图样中的门图块，如图10.48所示。

（12）门绘制结束后，可以考虑将墙体涂黑。首先将"轴线"层关闭，并把填充的区域放大显示，然后单击"选项工具板"的"ISO图案填充"选项中的黑色块，接着单击封闭的填充区域，如图10.49所示。

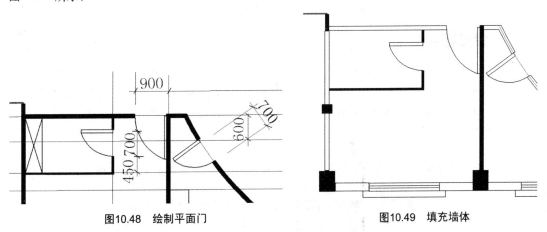

图10.48 绘制平面门　　　　　　图10.49 填充墙体

（13）在图10.50的区域设两组卡座，座席间用隔断划分。单击"多线样式"按钮，建立一个两端封闭、不填充的多样式。

图10.50 设置两组卡座

（14）单击"多线"按钮，绘制隔断，多线比例设置为100mm，长为2400mm，如图10.51所示。

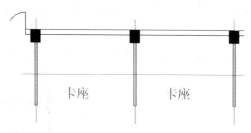

图10.51　绘制隔断

（15）布置声光控制室、化妆室。这些家具布置操作比较简单，结果如图 10.52 所示。

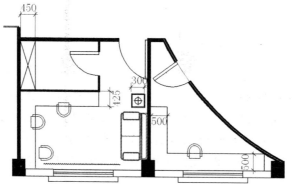

图10.52　布置家具

要点提示

　　绘制转折型柜子、操作台时，建议用"多段线"命令绘制轮廓，这样轮廓形成一个整体，便于更换颜色。插入图块的方式有多种，读者可以根据自己喜好选择，也可以选择自己所需的其他图块。此处窗帘的绘制方法是：先绘制一条直线，然后将它的线型置为"ZIGZAG"。

（16）布置座席区。从"选项工具板"上插入沙发、桌子的图形，如图 10.53 所示。

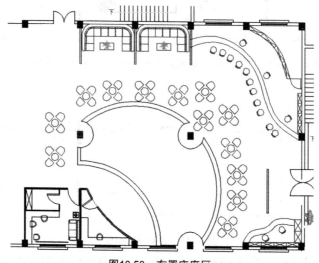

图10.53　布置座席区

（17）舞池地面铺 600mm×600mm 的花岗石，中央设计一个圆形拼花图案。将"地面材料"图层置为当前层。将舞池区全部在屏幕上显示出来。单击"图案填充"按钮，填充图案为"NET"，比例为4800，采用"点拾取"的方式选取填充区域，然后完成填充，如图 10.54 所示。

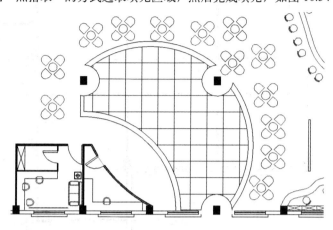

图10.54　填充图案

（18）单击"工具选项板"在"第 10 章图块"选项卡中找到"地面拼花"图块，然后右击绘图区，选择"两点之间的中点"命令，接着分别单击图中的 A、B 两点完成图案的插入，最后将被拼花覆盖的网格修剪掉，如图 10.55 所示。

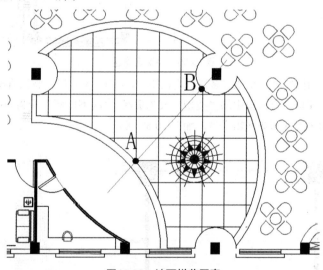

图10.55　地面拼花图案

10.2.5　绘制包房区

包房区包括 I 区和 II 区两部分。I 区设 4 个小包房，II 区设 2 个大包房。I 区中间设置 1500mm 宽的过道（轴线距离）。隔墙均采用 100mm 厚的金属骨架隔墙。包房内设置沙发、茶几及电视机等。I 区包房地面铺满地毯，II 区包房内先满铺木地板，然后再局部铺地毯。

（1）先将包房区隔墙（包括厨房及两个小卫生间）绘制出来，然后将厨房外墙删除，绘制一道卷帘门，进而在走道尽头的横墙上开一扇窗，操作步骤读者可自行完成，最终效果如图 10.56 所示。

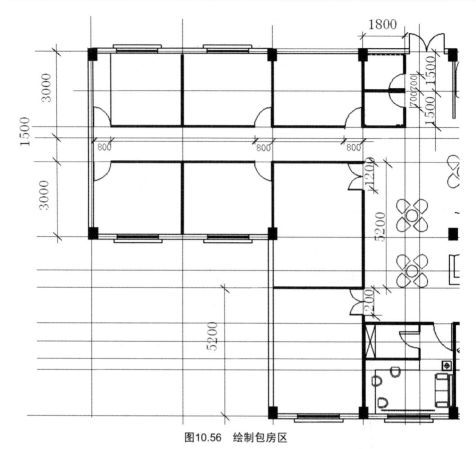

图10.56 绘制包房区

（2）下面绘制卷帘门线条。单击"多段线"按钮，绘制一条直线。将该直接选中，单击"特性"按钮，弹出"特性"窗口，将窗口中的"线型"改为虚线、"线型比例"改为40、"全局宽度"改为20。这样刚才绘制的多段线即变成粗虚线，如图10.57所示。

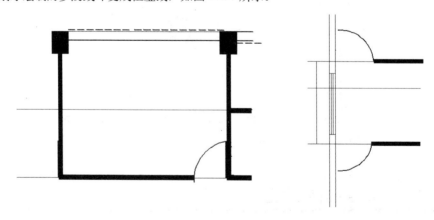

图10.57 绘制卷帘门线条

（3）小包房的布置结果如图10.58所示。其绘制要点是：沙发椅、双人沙发、三人沙发、电视机、植物均由"工具选项板"插入。电视柜矩形尺寸为1500mm×500mm、倒角为100mm，圆形茶几直径为500mm，异型玻璃面茶几采用样条曲线绘制。窗帘图案的绘制方法与化妆室窗帘的绘制方法相同。

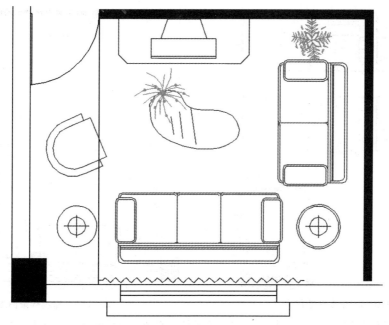

图10.58　布置小包房

（4）将小包房布置复制到大包房中，进行相应调整即可，在调整过程中注意沙发、桌椅、花草等室内物品的摆放位置以及美观效果，最后调整后的室内效果如图 10.59 所示。

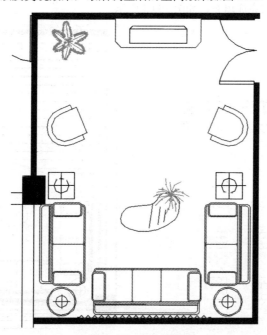

图10.59　室内效果图

（5）布置其他包房。将大小包房的布置分布到其他包房中，完成包房家具陈设布置，在分布时，可以先将"墙体"、"柱"、"门窗"等图层锁定，布置其他包房效果如图 10.60 所示。

（6）这样在选取家具陈设时，即使将墙体、柱、门窗的图线选在其内，也不会产生影响。在包房地面中部绘制一条样条曲线作为木地面与地毯的交接线，如图 10.61 所示。

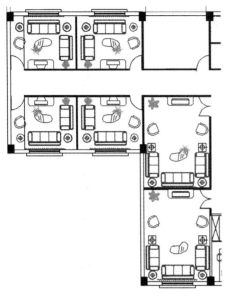

图10.60　布置其他包房

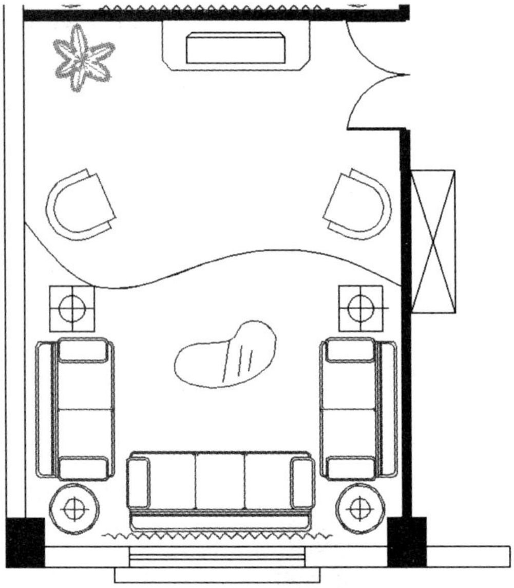

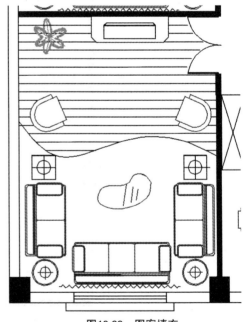

图10.61　绘制样条曲线

（7）将接近门的一端填上木地面图案。为了便于系统分析填充条件，单击"图案填充"按钮，选择如图 10.62 所示的"LINE"填充图案，"填充比例"设置为"100"，采用"拾取点"的方式选中填充区域。

（8）单击"确定"按钮完成填充，如图 10.63 所示。

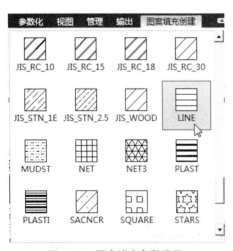

图10.62　图案填充参数设置

图10.63　图案填充

10.2.6　绘制屋顶花园

屋顶花园内包含水池、花坛、山石、小径、茶座等内容。

绘制水池的思路是采用"样条曲线"绘制水池轮廓，然后在其中填充水的图案。

（1）建立一个"花园"图层，并置为当前层，参数设置如图10.64所示。

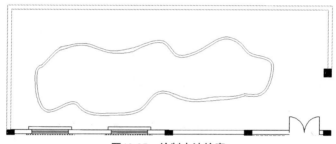

图10.64 设置花园为当前图层

（2）单击"样条曲线"按钮绘制一个水池轮廓，然后向外侧偏移100mm，如图10.65所示。

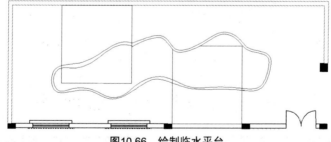

图10.65 绘制水池轮廓

（3）绘制两个矩形作为临水平台，如图10.66所示。

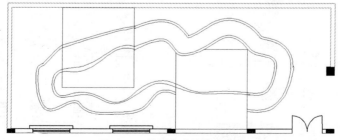

图10.66 绘制临水平台

（4）由水池外轮廓偏移出小径，偏移间距为800mm、100mm，如图10.67所示。

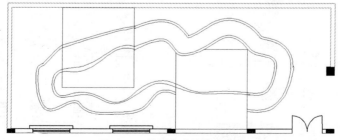

图10.67 设置水池外轮廓偏移

（5）利用"修改"命令，将花园调整样式如图10.68所示。

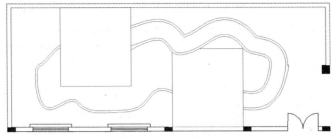

图10-68　调整花园

（6）进一步将图线补充、修改样式，如图 10.69 所示。

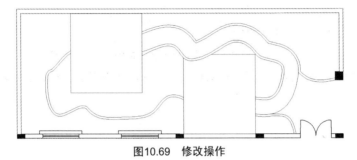

图10.69　修改操作

（7）在平台上布置茶座和长椅，然后对各部分进行图案填充，如图 10.70 所示。

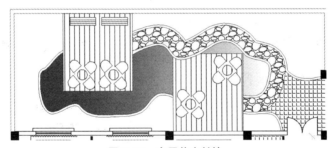

图10.70　布置茶座长椅

（8）水池：采用渐变填充，颜色为蓝色和白色，如图 10.71 所示。

（9）平台：填充参数设置，设置填充图案为如图 10.72 所示的"LINE"，角度设置为"90"，比例为"1500"。

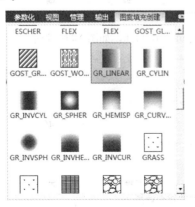

图10.71　设置填充图案1

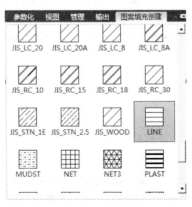

图10.72　设置填充图案2

（10）小径：填充参数设置，设置填充图案为如图10.73所示的"GRAVEL"，角度设置为"90"，比例为"400"。

（11）门口地面：填充参数设置，设置填充图案为如图10.74所示的"ANGLE"，角度设置为"90"，比例为"1000"。

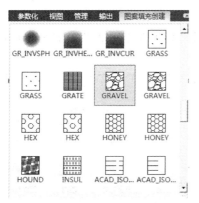

图10.73　设置填充图案3

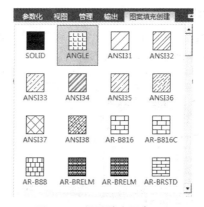

图10.74　设置填充图案4

（12）先将"植物"层设置为当前层，并从"选项工具板"上插入各种绿色植物到花坛内；然后用"直线"或"多段线"绘制出山石图样，最后，单击"绘图"工具栏中的"点"按钮，在花坛内的空白处设置一些点作为草坪，如图10.75所示。

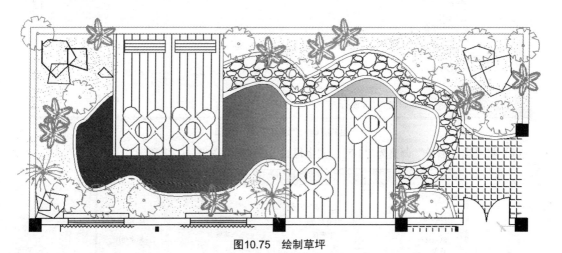

图10.75　绘制草坪

注意

到此为止，屋顶花园部分的图形基本绘制完毕。实例中的厨房、厕所部分与前面雷同较多，在此不再赘述。

10.2.7 文字、尺寸标注

首先对图面比例进行调整，然后从"设计中心"内拖入标注样式，完成相关标注，最后插入图框。

由于后面将多次用到"室内平面图.dwg",所以这里暂时将该图另存为"图1.dwg",然后在图1中完成以下操作,而室内平面图则保持目前的状态,以便后面参考引用。

该平面图绘制时以1:100的比例绘制,假如将它放在A3图框中,则超出图框,现将它改为1:150的比例,操作步骤是将上面完成的平面图全部选中,单击"比例缩放"按钮,输入比例因子0.66667,完成比例调整。

(1)通过"设计中心"打开源文件"室内平面图",将"标注样式"中的"室内"及原来的"AXIS"样式拖入绘图区,如图10.76所示。

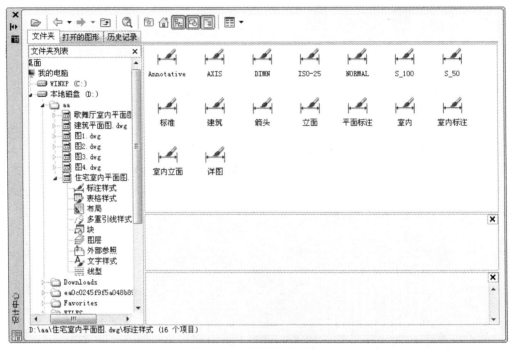

图10.76 "设计中心"窗口

(2)将"宽度因子"调整为"1.5",文字样式设置完成,如图10.77所示。

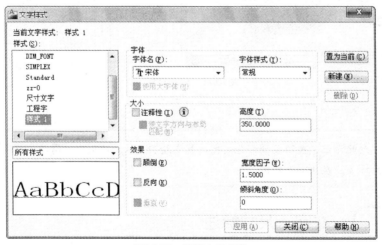

图10.77 设置文字参数

(3)考虑到酒吧、舞池、包房用详图来表示,本图标注比较简单,如图10.78所示。

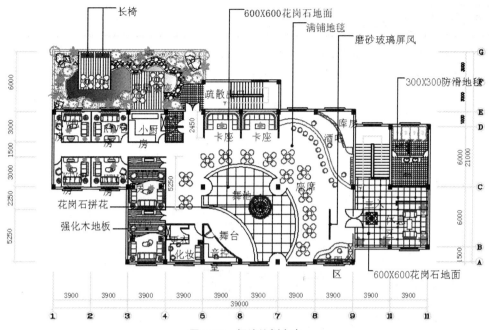

图10.78　标注比例文本

（4）插入图框的方法有多种，这里将做好的图框以图块的方式插入到模型空间内。具体操作是：单击"插入块"命令，打开光盘库中的"A3 横式 .dwg"文件，输入插入比例为"100"，将它插入到模型空间内，如图 10.79 所示。最后将图中文字作相应的修改。

XXX设计公司	某卡拉OK歌舞厅室内设计	比　例	
描　图		图　号	
设　计	歌舞厅室内平面布置图		
校　对			
审　核		日　期	

图10.79　设置图框

也可以通过"插入"＞"布局"＞"创建布局向导"的方式来插入图框。

10.3　绘制歌舞厅室内立面图

本节主要介绍比较有特色的 3 个立面图：入口立面图、舞台立面图和卡座立面图。在每个立面图中，对必要的节点详图展开绘制，先给出绘制结果，再说明要点。

绘图之前，可以素材图库中的"A3 图框 .dwt"作为样板来新建一个文件，也可以将前面绘制好的"室内平面图 .dwg"另存为一张新图，现采用后一种方式，文件名为"图 2.dwg"。然后建立一个"立面"图层，用来放置主要的立面图线。绘制时比例采用 1:100，绘好图线后再调整比例。

10.3.1 绘制入口立面图

（1）入口处的装修既要体现歌舞厅的特征，又要能吸引宾客，加深宾客的印象。入口立面图包括大门、墙面装饰、霓虹灯柱、招牌字样及标注内容，绘制操作难度不大，如图 10.80 所示。

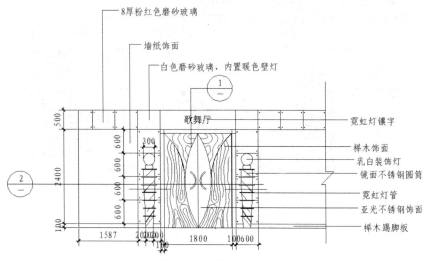

图10.80 绘制入口立面

要点提示

绘制要点如下：

（1）绘制上下轮廓线，然后确定大门的宽度及高度。

（2）绘制门的细部，木纹用"样条曲线"命令绘制。

（3）绘制出 600mm×600mm 的磨砂玻璃砖方块，然后在四角绘制小圆圈作为安装钮。

（4）在大门上方打开"歌舞厅"字样。

（5）霓虹灯柱的尺寸如图 10.81 所示，照此尺寸可以绘制出来。

（6）图线绘制结束后，可以先不标注。

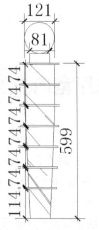

图10.81 霓虹灯柱立面效果图

（2）为了进一步说明入口构造及其关系，在A立面图的基础上绘制两个详图，如图10.82、图10.83所示。

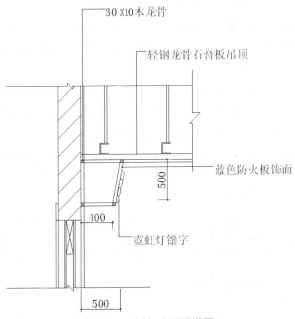

30×10木龙骨
轻钢龙骨石膏板吊顶
蓝色防火板饰面
500
400
霓虹灯镶字
500

图10.82　绘制A立面图详图1

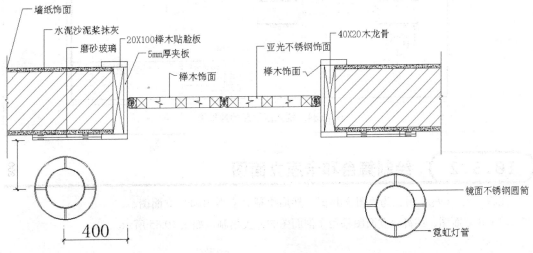

墙纸饰面
水泥沙泥浆抹灰
20×100榉木贴脸板
磨砂玻璃
5mm厚夹板
榉木饰面
亚光不锈钢饰面
40×20木龙骨
榉木饰面
镜面不锈钢圆筒
霓虹灯管
400

图10.83　绘制A立面图详图2

要点提示

绘制说明如下：

（1）以立面图作水平参照和竖直参照绘制详图。

（2）绘制详图时，要细心、仔细，多借助线条来确定尺寸。

（3）在实际工程中，需根据具体情况作必要的调整和补充，如果这些详图仍不足以表达设计意图，可以进一步用更多的详图来表示。

要点提示

图面调整、标注及布图要点如下：

（1）由于需要将立面图、详图比例放大，所以要先将这3个图之间拉开一定距离。

（2）立面图的图面比例取1:50，所以将它放大2倍；详图的图面比例取1:20，所以将它们放大5倍。

（3）进行标注：在标注样式设置中，对于1:50的图样，样式中的"测量比例因子"设置为0.5，对于1:20的图样，样式中的"测量比例因子"设置为0.2。

（4）标注结束后，插入图框后效果如图10.84所示。

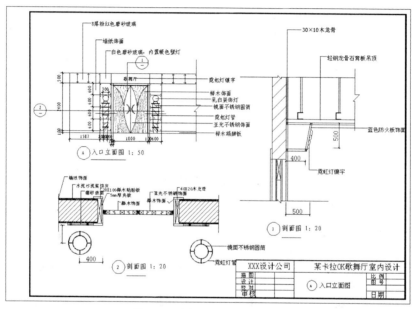

图10.84　插入图框后的效果图

10.3.2　绘制舞台和卡座立面图

先将"图2.dwg"另存为"图3.dwg"，然后绘制B立面图和C立面图。

（1）B立面图。该舞台立面图采用了剖面图的方式绘制，如图10.85所示。

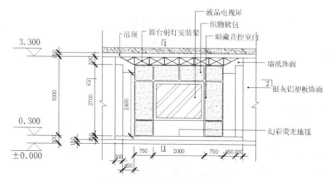

图10.85　绘制舞台立面图

（2）完善舞台平面图部分，然后以此作为立面图、剖面图绘制参照，如图10.86所示。

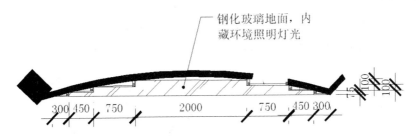

图10.86　完善舞台图表

（3）将舞台墙体装修平面复制出来，旋转成水平状态，作为B立面图水平尺寸的参照。舞台射灯安装架：可以先绘制出轴网架，然后用"多线"沿轴线绘制杆件，如图10.87所示。

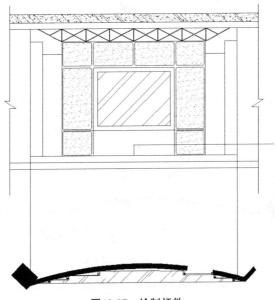

图10.87　绘制杆件

（4）绘制1-1剖面图。为了进一步说明构造关系，在B立面图的基础上绘制1-1剖面图，如图10.88所示。

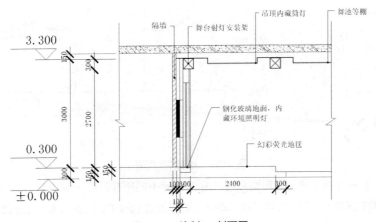

图10.88　绘制1-1剖面图

要点提示

绘制要点如下：绘制 1-1 剖面图时，复制一个墙体平面并将它旋转竖直状态，如图 10.89、图 10.90 所示。绘制剖面时，注意竖向各层次的标高关系。

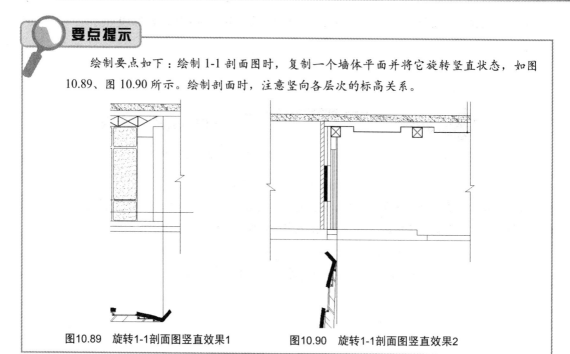

图10.89 旋转1-1剖面图竖直效果1   图10.90 旋转1-1剖面图竖直效果2

（5）绘制 2-2 剖面图。把墙体装修平面整理成 2-2 剖面图，如图 10.91 所示。

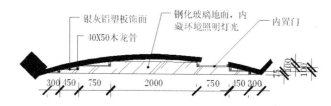

图10.91 绘制2-2剖面图

（6）绘制 C 立面图。C 立面图卡座处的墙面，绘制难度不大，但要注意处理好各图形之间的关系，如图 10.92 所示。

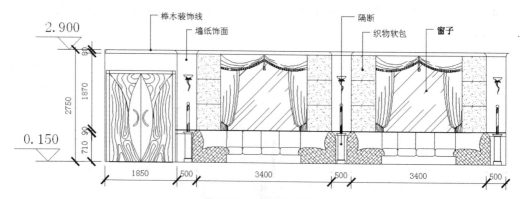

图10.92 绘制C立面图

（7）图面调整、标注及布图。绘制要点是："图 3.dwg"中的所有图形比例均取 1:50，按照"图 2.dwg"的方法先将这 3 个图放大 2 倍，再将"图 2.dwg"的图框复制过来，调整图面，修改图标，完成标注，如图 10.93 所示。

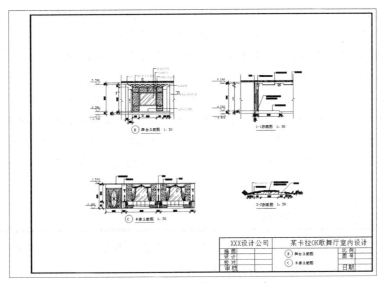

图10.93 歌舞厅室内立面效果图

10.4 绘制歌舞厅室顶棚图

本节介绍歌舞厅的详图绘制。

10.4.1 歌舞厅顶棚总平面图

歌舞厅棚总平面图绘制结果如图 10.94 所示，下面简述其步骤。

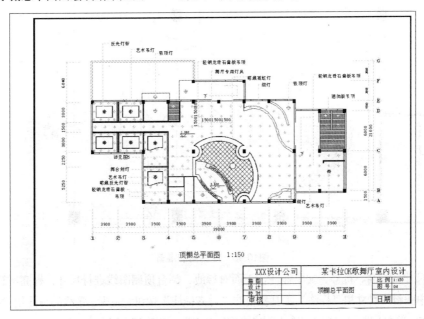

图10.94 歌舞厅顶棚总平面效果图

（1）将"室内平面图.dwg"另存为"图4.dwg"，将"门窗"、"地面材料"、"花园"、"植物"、"山石"等不需要的图层关闭。然后分别建立"顶棚"、"灯具"图层。

（2）删除不需要的家具平面图，修整剩下的图线，使它符合顶棚要求。

（3）按设计要求绘制顶棚图线。

（4）将绘制好的顶棚图线整体按比例缩小为原来的0.6667。这时，同样需要将标注样式"AXIXS"中的"测量比例因子"改为"1.5"。由于AutoCAD的换算误码差，原来的总轴线距离出现了一点偏差，可用"特征"功能进行修改，步骤是单击纵向总尺寸"314002"，然后单击"特征"按钮，上下滑动窗口，将其中的"文字"栏显示出来，在"文字替代"处输入"314000"，即可完成修改。

10.4.2 绘制详图

舞池、KTV包房及酒吧部分可以采用详图的方式来进一步表达，下面以舞池、舞台及周边区域为例来介绍，KTV包房及酒吧部分由读者参照完成。

（1）绘制前的准备。将"图4.dwg"另存为"图5.dwg"。删除舞池、舞台周边不需要的各种图形，然后将它整体按比例放大1.5倍，即还原为1:100的比例，比例缩放时，注意将"轴线"层同时缩放，如图10.95所示。

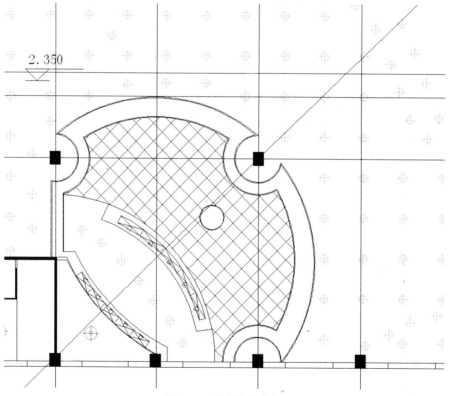

2.350

图10.95 绘制前的准备

（2）尺寸、标高、符号、文字标注。下面对舞池、舞台顶棚图线进行尺寸、标高、符号、文字标注。图中倾斜的尺寸用"标注"工具栏中的"对齐标注"按钮完成，弧线的标注用"半径标注"按钮完成，筒灯间距可以用"连续标注"按钮完成，如图10.96所示。

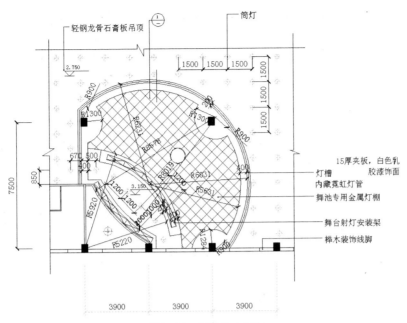

图10.96 标注尺寸文字

（3）绘制详图 1。剖面详图 1 剖切到座席区吊顶和舞池区吊顶的交接位置，因此图中需要表示出不同的吊顶做法及交接处理。该详图图面比例为 1∶10，所以图线绘制完成后，放大 10 倍，标注样式中的"测量比例因子"设为"0.1"，如图 10.97 所示。

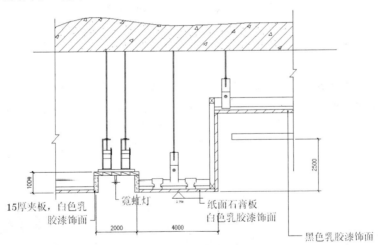

图10.97 绘制详图1

（4）将舞台、舞池顶棚图和详图 1 放在一张 A3 图中，图号设为"05"，如图 10.98 所示。

XXX设计公司	某卡拉OK歌舞厅室内设计		
描图		比例	详图
设计	舞台舞池顶棚图	图号	05
校对			
审核		日期	

图10.98 设置图框

（5）最后得到歌舞厅顶棚总平面效果图，如图 10.99 所示。

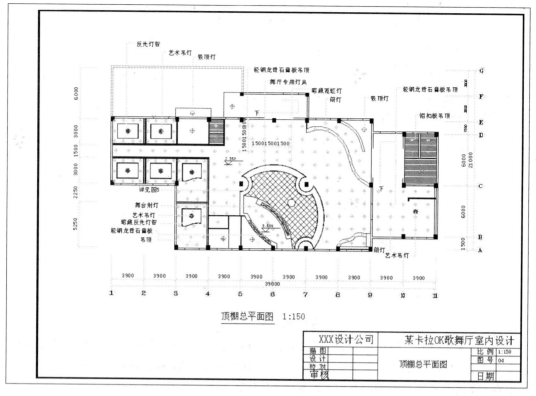

图10.99 歌舞厅顶棚总平面效果图

技巧

　　设置详图方法——读者在学习工作中，多收集各种节点做法的详图，在面对具体设计任务时就可以根据具体情况选择利用，进行局部修改，不必对每个详图都从头开始绘制。